Excel
数据处理与分析
一本通

刘松云　编著

U0235043

化学工业出版社

·北京·

本书以Excel 2016为使用平台，以"理论阐述＋实际应用"为写作原则，一步一图，由浅入深地对Excel的数据处理与分析功能进行了全面的解析。全书内容共分10章，前面章节主要以知识点应用为讲解核心，对数据的输入、数据格式化设置、公式与函数的应用、数据透视表的应用以及如何获取外部数据等知识进行了阐述。后面章节以实际应用案例为讲解核心，对数据管理体系进行了阐述。

本书结构合理、语言通俗、内容实用、举例恰当，不仅适用于社会培训班学员、各企事业单位的办公人员阅读，同时对掌握Excel数据处理技能的初中级读者也有很高的参考价值。

图书在版编目（CIP）数据

Excel数据处理与分析一本通/刘松云编著．—北京：化学工业出版社，2018.12

ISBN 978-7-122-33136-6

Ⅰ．①E… Ⅱ．①刘… Ⅲ．①表处理软件 Ⅳ．①TP391.13

中国版本图书馆CIP数据核字（2018）第230474号

责任编辑：姚晓敏 胡全胜 装帧设计：韩 飞
责任校对：王素芹

出版发行：化学工业出版社（北京市东城区青年湖南街13号 邮政编码100011）
印 装：三河市延风印装有限公司
787mm×1092mm 1/16 印张16½ 字数458千字 2019年3月北京第1版第1次印刷

购书咨询：010-64518888 售后服务：010-64518899
网 址：http://www.cip.com.cn
凡购买本书，如有缺损质量问题，本社销售中心负责调换。

定 价：59.00元

创作目的

　　大数据时代已来临，现如今数据处理与分析能力正成为组织的核心竞争力，对于职场人士而言也是必备技能之一。为了响应广大职场人的需求，我们组织了多名资深办公专家以及经验丰富的职场人士精心编写了《Excel数据处理与分析一本通》。本书由浅入难，一步一图地对Excel在数据处理与分析功能进行全面的介绍，细致的讲解过程，以及富有变化性的结构层次，能够让您感觉物超所值。

内容概要

　　本书以理论为主，以实际应用为辅，全面系统地对数据处理与分析功能进行了阐述。

章节	内容概要
第1章	包括基本类型数据的输入、特殊数据的输入及重复数据的输入技巧等
第2章	包括单元格格式的设置、单元格样式的应用及表格样式的套用等
第3章	包括数据排序、数据筛选、数据分类汇总、数据合并计算及条件格式的设置等
第4章	包括公式和函数的基本操作、统计函数、查找与引用函数、日期与时间函数、数学和三角函数、逻辑函数及文本函数的应用等
第5章	包括创建图表、编辑图表、美化图表、迷你图的创建与设置等
第6章	包括创建数据透视表、设置数据透视表字段、编辑数据透视表、数据透视表的布局设置、设置数据透视表的外观、数据筛选器及数据透视图的创建等
第7章	包括导入Access数据、导入文本数据、导入网站数据、数据的连接设置等
第8章	包括单变量求解、模拟运算表、方案分析及数据的审核与追踪等
第9章	进销存系统数据管理：包括采购数据管理、销售数据管理和库存数据管理等
第10章	薪酬体系数据管理：包括员工信息表的制作、对员工薪酬进行分析及工资表的制作等

写作特色

▶ 入门级、进阶级读者皆可使用

本书内容采用由浅入深的形式，循序渐进地对Excel知识点进行全面的介绍。无论是入门级还是进阶级的读者，都能从这本书中找到满意的答案。

▶ 理论知识＋实战案例，学习、实践两不误

本书第1章～第8章为基础知识讲解部分，第9章和第10章为典型案例实践操作部分。让读者轻松上手，练习独立制作，真正做到举一反三，从而提升自己的办公技能。

▶ 同步教学视频，让读者轻松学习，无压力

随书赠送77个同步教学视频，涵盖书中介绍的知识点，并做了一定的扩展延伸，手把手教你练操作。视频文件等可通过扫描书中二维码进行观看。更丰富的视频内容和素材资源可关注公众平台（ID：DSSF007）。

▶ 多种互动方式，为读者学习保驾护航

欢迎加入我们的QQ群（群号：785058518），这里既是读者相互交流的学习园地，更有专业的技术人员为您的工作和学习答疑解惑。

本书在编写过程中力求严谨细致，但由于时间有限，疏漏之处在所难免，望广大读者批评指正。

作 者
2018年12月

Excel 数据处理与分析一本通

目　录

CONTENTS

第1章 ·高效的数据输入·

第2章 ·巧用数据的格式化操作·

·不得不学的数据分析技巧·

·公式与函数的魅力·

第**5**章 ·数据的图形化展示·

 第**6**章 ·让报表数据动起来·

第 **7** 章 · **外部数据轻松获取** ·

第 8 章 ·必备的数据分析工具·

第 9 章 ·进销存系统数据管理·

第**10**章 ·薪酬体系数据管理·

第 1 章 · 高效的数据输入 ·

知识导读

大多数用户在最初使用Excel的时候可能只是用来记录一些数据，把Excel当成专门记录各种数据的记事本。如果我们能掌握一些数据录入技巧，那么在Excel中输入数据就会变得更高效。

思维导图

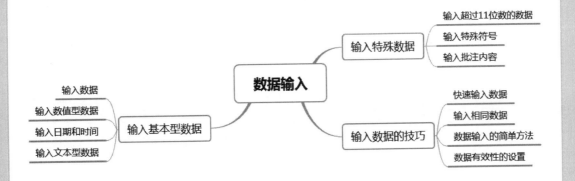

 本章教学视频数量：**10个**

1.1 基本类型 数据的输入

在使用Excel办公的过程中经常会用到的数据类型有常规文本、数字、日期等。针对不同的数据类型，我们可以通过对单元格格式的设置，采用不同的输入方式，提高办公效率。

1.1.1 数据的输入和编辑方法

Excel工作表由若干个单元格构成，在工作表中输入内容即是指在不同的单元格中输入内容。

直接用鼠标单击选中单元格，便可开始在单元格中输入内容，如图1-1所示。输入完成后按Enter键确认输入，用户可以通过键盘上的"↑""↓""←""→"按键快速切换到下一个需要输入内容的单元格。

数据输入完成后如果要进行修改可以选中单元格，在单元格上方双击，让单元格呈可编辑状态，然后进行修改，或者选中单元格，在编辑栏中进行修改，如图1-2所示。若要删除单元格中的内容，选中单元格后按删除键即可删除。

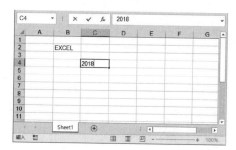

图1-1

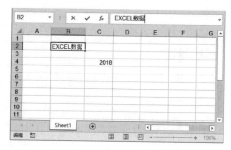

图1-2

默认情况下数据输入完成后按Enter键会自动切换到下方单元格，但是每个人的使用习惯不同，这时候可以修改Enter键切换的方向。修改方法如下：在功能区中单击"文件"按钮，在"文件"菜单中单击"选项"，如图1-3所示。打开"Excel选项"对话框，选择"高级"选项，在"高级"界面中单击"方向"下拉按钮，在展开的列表中选择新的切换方向，最后单击"确定"按钮即可，如图1-4所示。

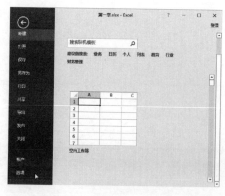

图1-3

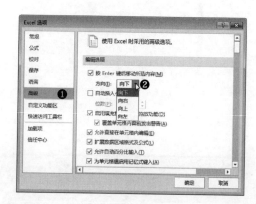

图1-4

知识延伸：调整单元格的宽度将其中的内容全部显示出来

　　有时候用户在单元格中输入数值后，按下Enter键单元格中会出现"######"或者以科学计数法显示的类似"3.58E+08"这样的符号，如图1-5所示。这是由于单元格中的数值过多，单元格的宽度不足以将其中的内容全部显示出来。只要增加单元格的宽度便可以解决这个问题，如图1-6所示。将光标移动到单元格所在列的右侧边线上，按住鼠标左键，拖动鼠标增加列的宽度，即单元格的宽度。

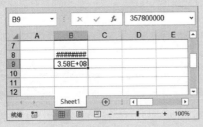

图1-5

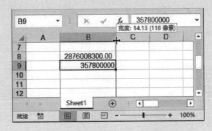

图1-6

1.1.2　数值型数据的输入方法

　　数值型数据在Excel中最为常见，输入数值型数据有很多的技巧，比如通过某种设置可以自动输入小数点、货币符号以及其他数据符号等。

（1）统一小数位数

　　在输入数字的时候如果输入的数值有整数有小数而且小数的位数不统一，那么输入到单元格中之后就会显得很不整齐。这时候用户可以将数值设置成统一的小数位数，这样就可以保持数值整齐美观。

步骤 01 选中需要设置统一小数位数的单元格区域，打开"开始"选项卡，在"数字"组中单击"数字格式"下拉按钮，在下拉列表中选择"数字"选项，如图1-7所示。

步骤 02 选中区域中已输入的数值被自动设置成了两位小数，继续向下输入数值，无论在单元格中输入几位小数的数值，按Enter键后单元格中自动保存两位小数，如图1-8所示。

图1-7

图1-8

在日常工作中两位小数比较常用，在"数字格式"列表中设置较为快捷。如果用户需自定义小数位数，需要在"设置单元格格式"对话框中进行。

步骤01 单击"数字"组右下角的"数字格式"按钮，如图1-9所示，打开"设置单元格格式"对话框。

步骤02 在"数字"选项卡中选择"数值"选项。单击"小数位数"数值框中的"增加"或"减少"按钮来调整小数位数，或者直接手动输入小数位数，如图1-10所示。单击"确定"按钮关闭对话框。

图1-9　　　　　　　　　　　　　图1-10

📶 **技巧点拨**：快速增加或减少数值的小数位数

在"数字"组中单击"增加小数位数"或"减少小数位数"按钮，如图1-11所示，可以快速增加或减少所选单元格中数值的小数位数。

图1-11

（2）自动输入小数点

当需要输入大量小数时可以提前启用自动插入小数点功能。打开"Excel选项"对话框，打开"高级"界面，勾选"自动插入小数点"复选框，设置好"位数"，如图1-12所示。"位数"根据将要输入的最大小数位数设置，例如将要输入的数值中小数位数最大的是2位，就设置"位数"为"2"。

返回工作表，在单元格中输入"3"按Enter键后会得到"0.03"，输入"30"会得到"0.3"，输入"300"会得到"3"。输入的数值自动缩小100倍，如图1-13所示。

图1-12　　　　　　　　　　　　　图1-13

在输入完小数后要及时取消"自动输入小数点"的设置，以免妨碍以后对整数的输入。在"Excel选项"对话框中取消对"自动插入小数点"复选框的勾选即可取消。

（3）设置小数点对齐

当输入数值的小数位数差别很大时查看起来十分的费劲，为了让这些小数更易查看可以将所有数值按小数点对齐。设置统一的小数位数是一种方法，除此之外也可以通过自定义单元格格式，让数字按小数点对齐。

步骤 01 选中需要设置小数点对齐的单元格区域，在选区上方右击，弹出右键快捷菜单，选择"设置单元格格式"选项，如图1-14所示。

步骤 02 打开"设置单元格格式"对话框，在"数字"选项卡中选择"自定义"选项，在"类型"文本框中输入"???.0???"，如图1-15所示，最后单击"确定"按钮关闭对话框。

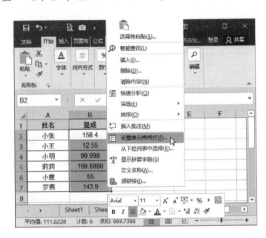

图1-14   图1-15

在图1-16中可以看到选区中的数值已经按照小数点对齐，整数也用"0"自动添加了一位小数。

> **知识延伸：自定义格式中的"？"**
>
> 自定义格式"???.0???"中的"？"是数字占位符，当单元格中实际数值位数少于自定义的单元格格式中占位符位数时，会在小数点两侧增加空格补齐，小数点后面的"0"是为了当单元格中存在整数时，以0来补一位小数。

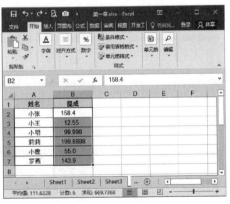

图1-16

（4）输入会计专用格式数值

Excel在会计行业应用很广泛，从事会计工作的用户可以使用会计专用格式输入数值。

选中需要设置会计专用格式的单元格区域，打开"开始"选项卡，在"数字"组中单击"数字格式"下拉按钮，在下拉列表中选择"会计专用"选项，如图1-17所示。选区内的数值随即自动添加货币符号以及千位分隔符，并自动增加两位小数，如图1-18所示。

如果用户尝试在"数字格式"下拉列表中选择"货币"选项，会发现货币格式和会计专用格式十分相似，这两者的区别在于货币格式用于表示一般货币数值，会计格式可以对一列数值进行小数点对齐。

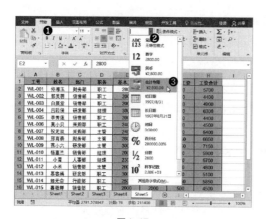

图1-17

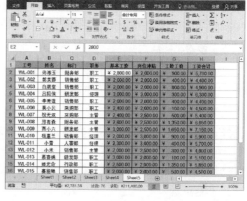

图1-18

用户也可以手动添加货币符号或千位分隔符。在"数字"组中单击" ▸ "按钮，可以为数值添加千位分隔符。单击" $ ▾ "下拉按钮，在下拉列表中可以选择需要添加的货币符号类型，添加货币符号的同时会自动添加千位分隔符。

（5）输入带有单位的数值

图1-19

当需要为录入的数值添加单位时，一个又一个地添加既麻烦又浪费时间，其实只要掌握了格式设置的技巧，不用手动输入，单元格中就能自动出现单位。

选中需要添加单位的单元格区域，按Ctrl+1组合键打开"设置单元格格式"对话框，在"数字"选项卡中选择"自定义"选项，在"类型"列表框中选择"G/通用格式"选项，然后修改格式为"G/通用格式"mg/m^3"，如图1-19所示。最后单击"确定"按钮关闭对话框。

此时，被选中的数值自动添加了"mg/m^3"单位符号，如图1-20所示。在选区中的空白单元格中继续输入数值，按下Enter键后所输数值也自动添加单位，如图1-21所示。

图1-20

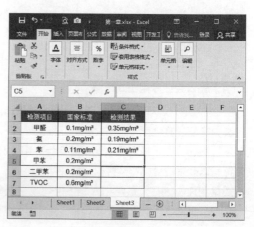

图1-21

现在大多数用户使用的是拼音输入法（搜狗输入法、QQ输入法），直接打出"立方"的拼音即可出现"m³"符号，如图1-22所示。

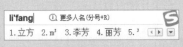

图1-22

（6）输入以"0"开头的数值

在Excel中经常会遇到输入以"0"开头的数值的情况，如输入序号、编码之类的数据，可是一般情况下当我们把以"0"开头的数值输入到单元格中之后，只要一按Enter键最前面的"0"就会消失。那么要怎样设置才能让数值前面的"0"显示呢？方法有很多种，下面介绍常用的设置方法。

步骤01 选中需要输入数据的单元格区域，按Ctrl+1组合键，打开"设置单元格格式"对话框。在"数字"选项卡中选择"文本"选项，如图1-23所示，单击"确定"按钮关闭对话框。

步骤02 此时在单元格中输入以"0"开头的数值，按Enter键后"0"可以正常显示，如图1-24所示。

图1-23

图1-24

选中任意一个以"0"开头的数值，在编辑栏中可以看到数字前面都有一个"'"单引号，如图1-25所示。如果不对单元格做文本格式处理，直接在单元格中输入"'"符号，再输入以"0"开头的数值，同样可以将"0"显示出来。

需要注意的是单引号必须是在英文状态下输入才有效。

在设置了文本格式的单元格中输入数字后，单元格左上角会出现一个绿色的小三角，这是因为Excel的后台错误检查功能检查到了错误。选中单元格，单击右侧出现的按钮，在下拉列表中选择"忽略错误（I）"选项，如图1-26所示，这个绿色的三角就会消失。

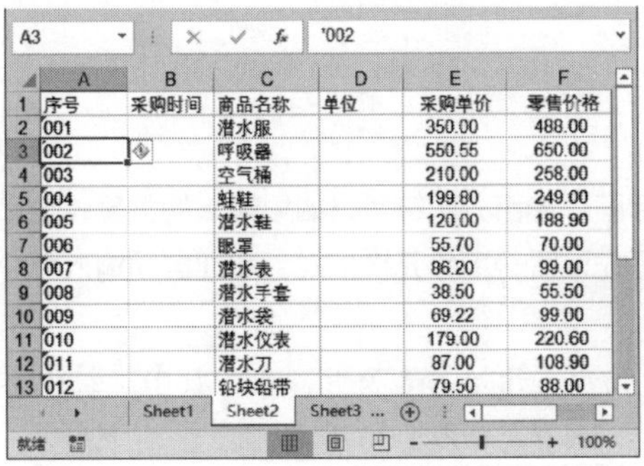

图1-25

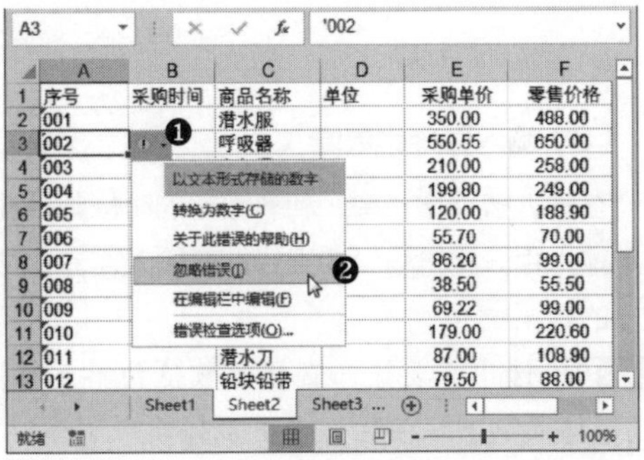

图1-26

（7）在已有数值前面添加"0"

将单元格设置成文本格式后可以输入以"0"开头的数值，要想在已有数据前面批量添加"0"可以自定义单元格格式。

步骤01 选中需要在前面添加"0"的数据区域，如图1-27所示，按Ctrl+1组合键，打开"设置单元格格式"对话框。

步骤02 在"数字"选项卡中选择"自定义"选项，在"类型"文本框中输入""00"#"，单击"确定"按钮关闭对话框，如图1-28所示。

图1-27

图1-28

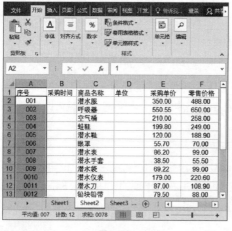

图1-29

如图1-29所示，可以看到选中区域内的数字前面全部自动添加了两个零。

> **知识延伸：自定义格式中的"#"**
>
> 自定义格式""00"#"中的"#"是占位符，作用是显示单元格中有意义的数字，"00"表示在数字前面添加两个零。

（8）输入百分比数值

在输入各种增长率、利率数据的时候都要在数值后面添加百分比符号，如果输入的数量较少可以手动输入百分比符号，如果是批量输入百分比数据最好先设置一下单元格格式，实现自动输入百分比数值的效果。

步骤01 选中需要输入百分比数值的单元格区域，打开"开始"选项卡，在"数字"组中单击"数字格式"下拉按钮，在下拉列表中选择"百分比"选项，如图1-30所示。

步骤02 所选区域中的数值随即变成了百分比数值，小数位数自动保留两位，如图1-31所示。

Excel 数据处理与分析一本通

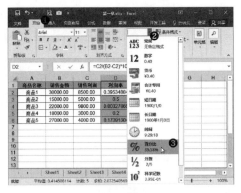

图1-30

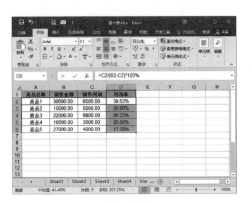

图1-31

在"数字"组中单击"%"按钮或者直接使用快捷键Ctrl+Shift+%也可以将单元格设置成百分比格式，只是此方法设置的百分比格式默认四舍五入只保留整数。比如在单元格中输入1.5，按Enter键后单元格中显示"2%"，如图1-32所示。

在"设置单元格格式"对话框中打开"数字"选项卡，在"百分比"界面中可以设置小数位数，如图1-33所示。

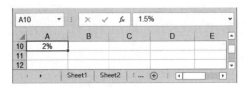

图1-32

图1-33

（9）输入分数

默认情况下在单元格中输入"1/2"，如图1-34所示，按Enter键后单元格中显示的却是"1月2日"，如图1-35所示。输入分数为什么会自动变成日期呢，这是因为在常规格式下输入"1/2"这样的数据时，只要"/"前面的数字在1 ~ 12之间，"/"后面的数字在1 ~ 31之间，系统就会将这个数据默认为是日期。

要想正常地输入分数，需要将单元格格式修改成分数格式。

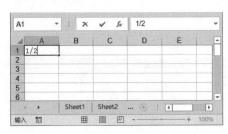

图1-34

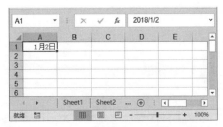

图1-35

步骤01 选中需要输入分数的单元格区域，打开"开始"选项卡，在"数字"组中单击"数字格式"下拉按钮，在下拉列表中选择"分数"选项，如图1-36所示。

步骤02 设置成分数格式后在单元格中输入"0.5"按Enter键后自动变成"1/2"，输入"12.3"按Enter键后变成"12 1/3"，如图1-37所示。如果直接输入"1/2"，也不会再变成日期。

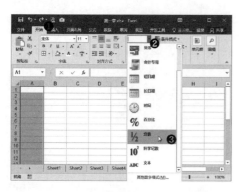

图1-36　　　　　　　　　　　　　　　　　　　图1-37

在"设置单元格格式"对话框中的"分数"界面可以设置分数的分母类型，如图1-38所示。

图1-38

（10）输入负数

负数也是Excel中经常会使用的数值，负数的输入方法很简单，直接在数字前面加"-"或者将数字输入在括号中，按Enter键后都可以得到负数。例如，在单元格中输入"（5）"（图1-39），或者"-5"，按Enter键后都会得到"-5"，如图1-40所示。

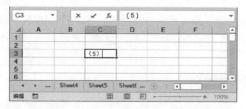

图1-39　　　　　　　　　　　　　　　　　　　图1-40

技巧点拨：输入带括号的数值

如果想在单元格中输入带括号的数值可以提前将单元格格式设置成"文本"格式。在"开始"选项卡中的"数字"组中单击"数字格式"下拉按钮，在列表中选择"文本"选项，如图1-41所示，可快速将所选单元格设置成文本格式。

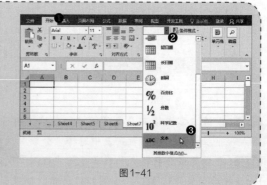

图1-41

1.1.3 日期和时间的输入技巧

日期和时间其实也是数字的一种，只是Excel对日期的格式有专门的规定，在Excel中标准的日期以“/”“-”或者“年、月、日”作为连接符。

（1）输入日期

当用户直接在单元格中输入“5/17”或者“5-17”，如图1-42所示，按Enter键后单元格中都会显示“5月17日”，而在编辑栏中显示的则是“2018/5/17”，如图1-43所示，Excel默认以计算机当前年份作为所输入日期的年份。

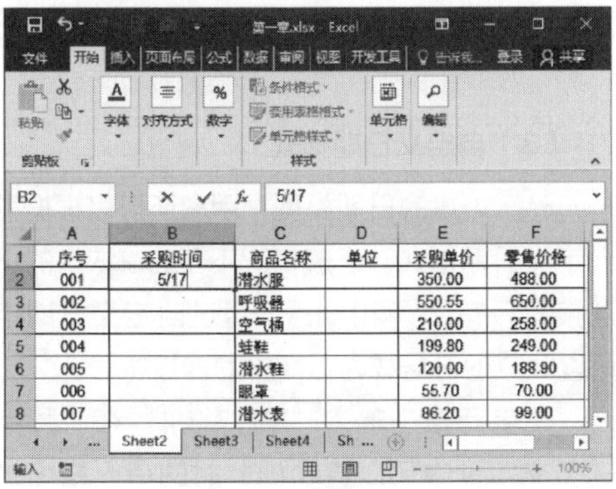

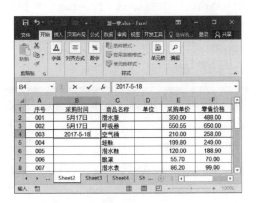

图1-42

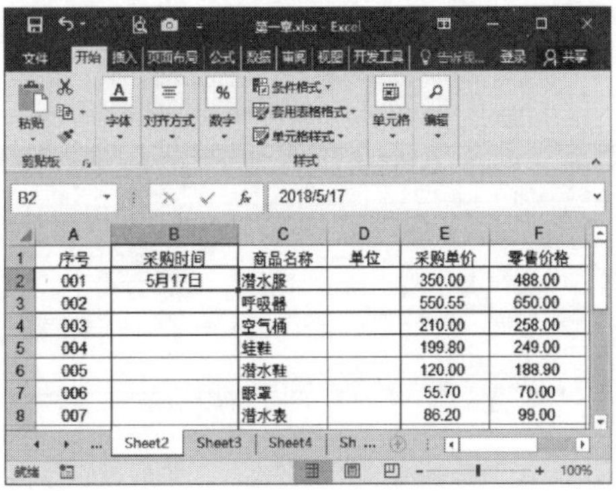

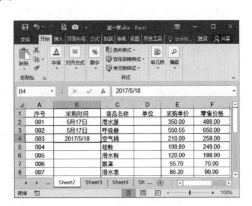

图1-43

如果直接输入年份不论是以“/”还是“-”作为连接符，确认输入后单元格中都是以“/”作为连接符。比如分别在单元格中输入“2017-5-18”和“2017/5/18”，如图1-44所示，按Enter键后单元格中都会显示“2017/5/18”，如图1-45所示。

图1-44

图1-45

用户也可以直接在单元格中输入“5月17日”或者“2018年5月17日”这种标准型的日期。

（2）统一日期格式

在Excel中输入日期时应尽量保持统一的格式，在“开始”选项卡“数字”组中的“数字格式”下拉列表中有“短日期”和“长日期”两种比较常用的日期类型可供选择，如图1-46所示。

用户如果要选择其他日期格式可以打开“设置单元格格式”对话框，在“数字”选项卡中的“日期”界面拖动“类型”列表框右侧滑块查看所有日期类型，最后选择需要的类型，如图1-47所示。单击“确定”按钮后即可将所选单元格区域设置成相应的日期格式。

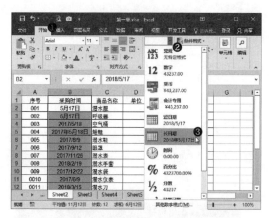

图1-46

图1-47

图1-48

（3）自定义日期格式

除了内置的日期类型，用户还可以根据需要自定义日期格式。一般情况下Excel认可的日期连接符只有"/"和"-"，通过自定义日期格式可以让其他符号成为日期中的连接符号。

在单元格中输入"2017.3.1"在"数字格式"文本框中可以查看到此时的单元格格式为"常规"，如图1-48所示。这说明输入的并不是日期，而是一组普通的数字，说明不能通过修改日期格式来改变这组数字的类型。

要想输入"2017.3.1"这种类型的日期可以根据标准日期进行自定义设置。先在单元格中输入标准日期"2017/3/1"，然后将其选中。打开"设置单元格格式"对话框，在"数字"选项卡中选择"自定义"选项。在"类型"文本框中输入"yyyy"."m"."d;@"，如图1-49所示，单击"确定"按钮关闭对话框。所选的日期类型随即变成"2017.3.1"。打开"数字格式"下拉列表可以发现此时的日期可以更改类型。这说明Excel承认这组数值是日期，如图1-50所示。

图1-49

图1-50

（4）输入时间并设置时间格式

在Excel中输入时间很简单，例如在单元格中输入"16:30:06"按Enter键后即可得到相应的时间，如图1-51所示。我们还可以让所输入的时间以更专业的格式显示，例如将时间以"16时30

分06秒"或者"4:30 PM"等格式显示。在"设置单元格格式"对话框中的"数字"选项卡内选择"时间"选项，在"类型"列表中可以选择不同的时间格式，如图1-52所示。

图1-51   图1-52

（5）输入时间的快捷方法

在不了解Excel输入技巧的用户眼里，输入时间很麻烦，因为要不停地输入数字和"："符号。其实只要通过一个小设置我们就可以轻松完成。

步骤01 选中需要输入时间的单元格，按Ctrl+1组合键打开"设置单元格格式"对话框。在"数字"选项卡中选择"自定义"选项，在"类型"文本框中输入"#":"##":"##"，单击"确定"按钮关闭对话框，如图1-53所示。

步骤02 在单元格中输入"102807"，确认输入后会显示"10:28:07"，如图1-54所示。

图1-53   图1-54

（6）快速输入当前日期和时间

使用快捷键和函数可以快速在单元格中输入当前日期和时间。

步骤01 按Ctrl+；组合键，或者在单元格中输入"=TODAY（）"？确认输入后可以得到当前日期，如图1-55所示。

步骤02 按Ctrl+Shift+；组合键，可以输入当前时间，如图1-56所示。

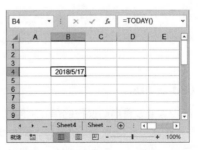

图1-55

步骤03 在单元格中输入"=NOW（）"，确认输入后单元格中会显示当前时间和日期，如图1-57所示。

图1-56

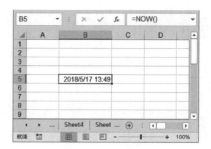

图1-57

1.1.4 文本型数据的输入方法

Excel中的文本型数据通常是用来对工作表中的数值进行说明的，文本型数据一般包括汉字、字母、拼音、符号等。当单元格中的文本超出固定的列宽时，如图1-58所示，可以考虑从以下几个方面进行解决。

图1-58

（1）增加列宽

将光标放在需要加宽的列的列标右边线上方，按住鼠标左键拖动鼠标可以将整列加宽，如图1-59所示。同时选中多列可以同时加宽多列，如图1-60所示。

图1-59

图1-60

（2）自动换行

选中需要设置自动换行的单元格区域，按Ctrl+1组合键打开"设置单元格格式"对话框，打开"对齐"选项卡，勾选"自动换行"复选框，如图1-61所示。所选区域中超出列宽的数据全部自动换行显示，换行后行高自动增加，如图1-62所示。

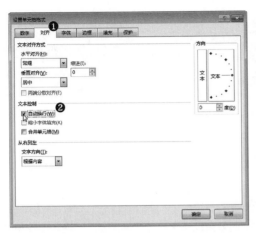

图 1-61　　　　　　　　　　　　　　图 1-62

（3）缩小字体填充

在"设置单元格格式"对话框中的"对齐"选项卡内勾选"缩小字体填充"复选框，如图 1-63 所示，所选区域中超出单元格范围的文本会自动缩小字体填充，如图 1-64 所示。

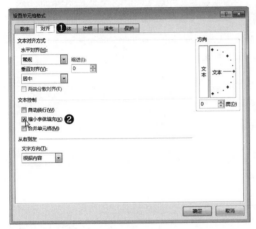

图 1-63　　　　　　　　　　　　　　图 1-64

1.2 特殊数据的输入

有一些经常会用到，但不是用常规方法输入的数据，称为特殊数据。

1.2.1 输入位数超过11位的数字

一般情况下在Excel中输入位数超过11位的数字时就会以科学计数法形式显示，输入位数超过15位的数字时，15位以后的数字将不能正常显示。

在单元格中输入身份证号码，如图1-65所示，确认输入后，单元格中的数值以科学计数法显示，在编辑栏中可以观察到，身份证号码的后三位数全部变成了"0"，如图1-66所示，这种变化是不可逆转的。

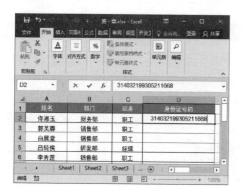
图1-65

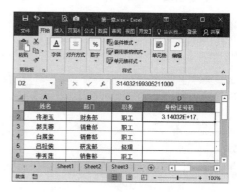
图1-66

要想在单元格中正常输入身份证号码需要将单元格格式设置成文本格式。

步骤01 选中需要输入身份证号码的单元格区域，打开"开始"选项卡，在"数字"组中单击"数字格式"下拉按钮，滚动下拉列表右侧的滑块，选择"文本"选项，如图1-67所示。

步骤02 删除单元格中原有的数据，重新输入身份证号码，确认输入后身份证号码可以正常显示，如图1-68所示。

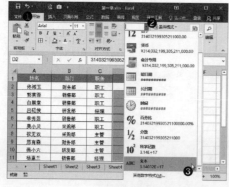
图1-67

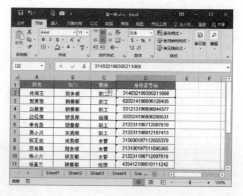
图1-68

当数字和文本型数据出现在同一单元格中时，数字也会被当成是文本型数据。例如，在单元格中输入"32个苹果"，Excel会将"32"视为文本型数据。

1.2.2 输入特殊符号

在Excel中输入符号时，大部分常用的符号可以通过键盘直接输入，比如"#""$""*""&"等，下面介绍特殊符号的输入方法。

步骤01 选中需要插入特殊符号的单元格，打开"插入"选项卡，在"符号"组中单击"符号"按钮，如图1-69所示。

步骤02 打开"符号"对话框，单击"子集"下拉按钮，从中选择需要的符号选项，如图1-70所示。

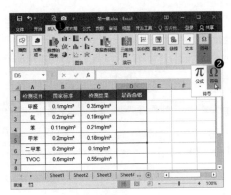

图1-69

图1-70

步骤03 选中需要的符号，单击"插入"按钮。如果连续单击"插入"按钮可以插入多个所选的特殊符号，关闭对话框，如图1-71所示。

步骤04 所选单元格中随即被插入相应的特殊符号，如图1-72所示。

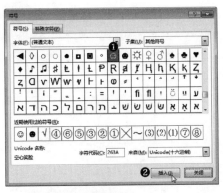

图1-71

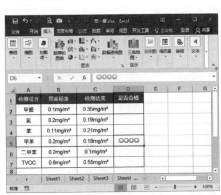

图1-72

有很多符号直接通过拼音输入法（搜狗输入法、QQ输入法）输入更方便，如图1-73 ~ 图1-75所示。

图1-73

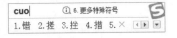

图1-74

图1-75

1.2.3 输入批注内容

当需要对单元格中的数据进行说明，但又不想破坏原有的表格结构时，可以添加批注。

（1）添加批注

步骤01 选中需要添加批注的单元格，打开"审阅"选项卡，在"批注"组中单击"新建批注"按钮，如图1-76所示。

步骤02 所选单元格随即被添加批注文本框，在文本框中可以输入批注内容。拖动批注文本框四周的控制点可以调整批注文本框的大小，如图1-77所示。

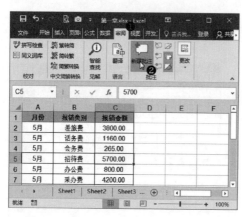

图1-76

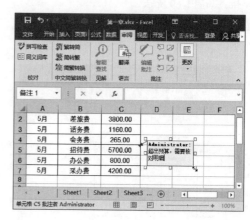

图1-77

（2）控制批注显示与否

添加批注后批注一直呈显示状态，如果要隐藏批注直接在"批注"组中单击"显示所有批注"按钮即可将所有批注隐藏，如图1-78所示。再次单击该按钮，可重新显示所有批注。当工作表中有多个批注时，单击"显示/隐藏批注"按钮，可以控制单个批注的显示或隐藏，如图1-79所示。

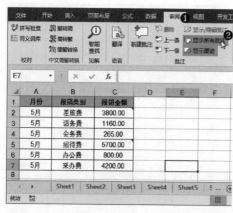

图1-78

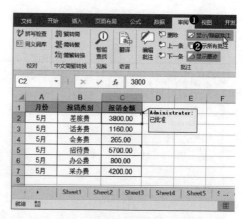

图1-79

 技巧点拨： 删除批注

不再需要批注时，在"批注"组中单击"删除"按钮可以删除所选批注。

（3）打印批注

Excel默认不打印批注，如果用户有打印批注的需要可以通过"页面设置"对话框进行设置。

步骤01 打开"页面布局"选项卡，在"页面设置"组中单击"对话框启动器"按钮，打开"页面设置"对话框，如图1-80所示。

步骤02 打开"工作表"选项卡，单击"批注"下拉按钮，在下拉列表中选择批注的打印位置即可，如图1-81所示。

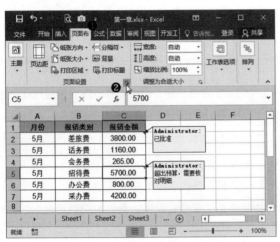

图1-80

图1-81

1.3 数据输入有技巧

要想输入数据又快、准确率又高，不防来学些数据输入的小技巧。

1.3.1 快速填充有序数据

在输入一些有序数据时，比如输入一组连续的数字或者日期，再或者是一些有特定规律的数据时，不用逐个输入数据，可以使用Excel的填充功能进行快速输入。

（1）快速输入序号

步骤01 在单元格中输入"1"后选中这个单元格，将光标放在单元格右下角，光标变成"＋"形状时同时按住Ctrl键和鼠标左键，光标会变成"＋"形状，向下拖动鼠标，如图1-82所示。

步骤02 松开鼠标后，选中的区域单元格内自动填充了有序的数字，如图1-83所示。

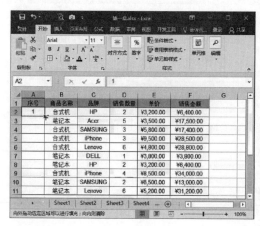

图1-82

图1-83

（2）设置终止值自动填充

需要输入的序号不是很多的情况下用鼠标拖曳是比较方便可行的，但是如果序号很多，比如要从1输到1000甚至更多时，用鼠标拖曳填充就有点麻烦了。这时候用户可以在"序列"对话框中设置数字填充。

步骤01 在A1单元格中输入"1"，然后将A1单元格选中，打开"开始"选项卡，在"编辑"组中单击"填充"下拉按钮，在下拉列表中选择"序列"选项，如图1-84所示。

步骤02 打开"序列"对话框。选中"列"单选按钮，在"终止值"文本框中输入"1000"，如图1-85所示，单击"确定"按钮。工作表将会自"1"向下自动填充至"1000"，如图1-86所示。

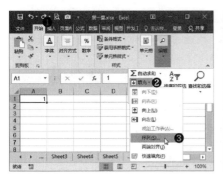  

图1-84 图1-85 图1-86

如在"序列"对话框中选中"行"单选按钮，工作表中将会自动在行中生成序列，如图1-87所示。

（3）快速填充日期

图1-87

日期的有序填充和单纯的数字有序填充稍有不同。在单元格中输入起始日期，将光标放在单元格右下角，直接按住鼠标左键向下拖动，如图1-88所示，即可实现有序填充，如图1-89所示。

图1-88

图1-89

在"序列"对话框中可以设置不同的日期单位，如图1-90所示，比如将日期单位设置成"月"，日期即可按月进行有序填充，如图1-91所示。

图1-90

图1-91

（4）步长值的设置原则

步长值是指有序填充时数值递增的间隔数，Excel默认的步长值是"1"，用户可以根据需要修改步长值。

步骤 01 选中需进行有序填充的单元格区域，打开"开始"选项卡，在"编辑"组中单击"填充"下拉按钮，在下拉列表中选择"序列"选项，如图1-92所示。

步骤 02 打开"序列"对话框，设置"步长值"为"5"，保持其他选项为默认（序列产生在"列"，类型为"等差序列"），单击"确定"按钮，如图1-93所示。关闭对话框，选中区域中的空白单元格就会按照"5"的步长值自动填充了数据，如图1-94所示。

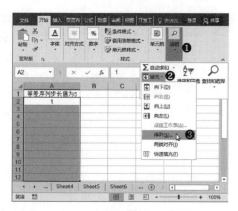

图1-92

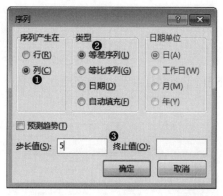

图1-93

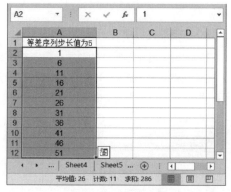

图1-94

知识延伸：等差序列

等差序列是指从第二个值起，每一个值与它的前一个值的差相等的一种序列。简单点说就是一组数据中后面一个数减去前面一个数的差都相同，而这个差值就是步长值。

用户也可以设置等比序列填充。在"序列"对话框中选择"等比序列"单选按钮，"步长值"同样设置成"5"，如图1-95所示，在工作表中可以查看到等比序列步长值为5的填充效果，如图1-96所示。

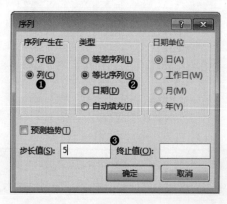

图1-95

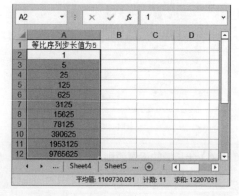

图1-96

知识延伸：等比序列

等比序列是指从第二个值起，每一个值与它的前一个值的比值相同的一种序列。也就是一组数据中后一个值除以前一个值的商都相同。这个商就是等比序列的步长值。

（5）输入有规律的文本

有一定规律又经常会用到的文本可以将其添加到自定义序列列表中，这样在需要用的时候就可以将这些数据直接填充到工作表中。

步骤 01 单击"文件"按钮，在菜单中单击"选项"选项，如图1-97所示。

步骤 02 打开"Excel选项"对话框，选择"高级"选项，单击"编辑自定义列表"按钮，如图1-98所示。

图1-97

图1-98

步骤 03 打开"自定义序列"对话框，在"输入序列"文本框中输入自定义序列，单击"添加"按钮，将自定义序列添加到"自定义序列"列表框中，如图1-99所示，单击"确定"按钮，关闭对话框。

步骤 04 返回工作表，在单元格中输入自定义序列的第一个数据，将光标放在单元格右下角，光标变成十字形时按住鼠标左键，拖动鼠标，如图1-100所示，可以将自定义的数据输入到单元格中，如图1-101所示。

图1-99

图1-100

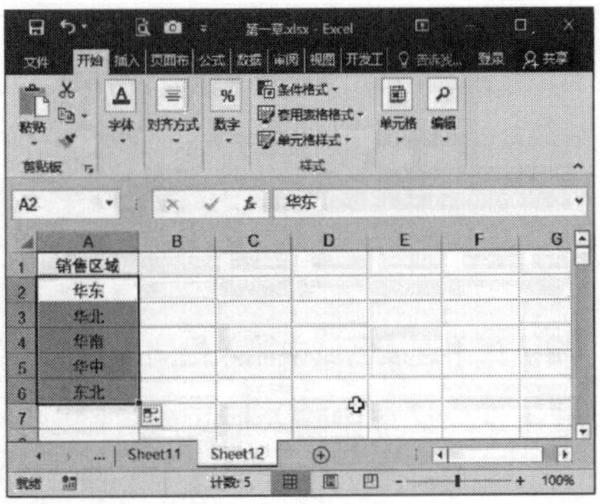

图1-101

技巧点拨：删除自定义序列

如果要删除自定义序列，再次打开"自定义序列"对话框，选中需要删除的自定义序列，单击"删除"按钮可将自定义序列删除。系统内置的自定义序列不可以删除。

1.3.2 一次完成相同数据输入

在Excel中输入相同的数据时，可以通过复制、填充、快捷键等操作实现重复数据的快速录入。

（1）在连续区域输入相同内容

在连续区域输入相同内容可以使用填充法。选中需要填充相同内容的单元格区域，选区的第一个单元格中必须包含需要重复输入的内容。在"开始"选项卡中单击"填充"下拉按钮，在下拉列表中选择"向下"选项，如图1-102所示。选中区域随即自动填充相同内容，如图1-103所示。

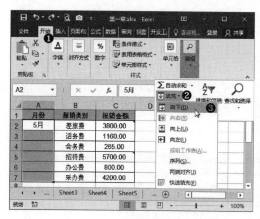

图1-102

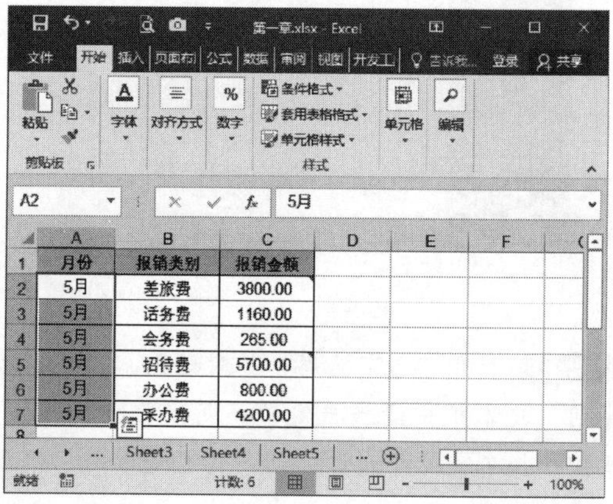

图1-103

当选区比较大，用鼠标拖曳不方便选取时可以在"名称框"中进行选取。在名称框中输入需要选择的单元格区域地址，如图1-104所示，按Enter键即可将这个区域选中，如图1-105所示。

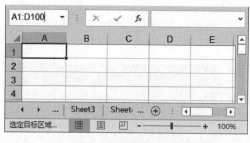

图1-104

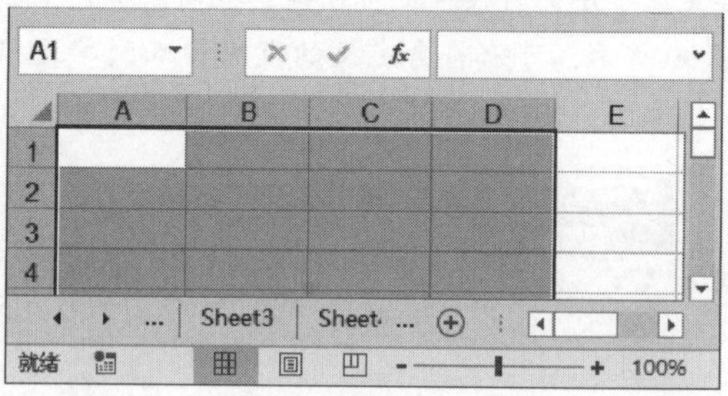

图1-105

（2）在不连续区域中输入相同内容

在不连续区域中输入相同内容可以使用快捷键。按住Ctrl键依次单击需要输入相同内容的单元格，将这些单元格全部选中，在最后一个选中的单元格中输入内容，如图1-106所示，按Ctrl+Enter组合键，所输入的内容即可出现在所有选中的单元格中，如图1-107所示。

Excel数据处理与分析一本通

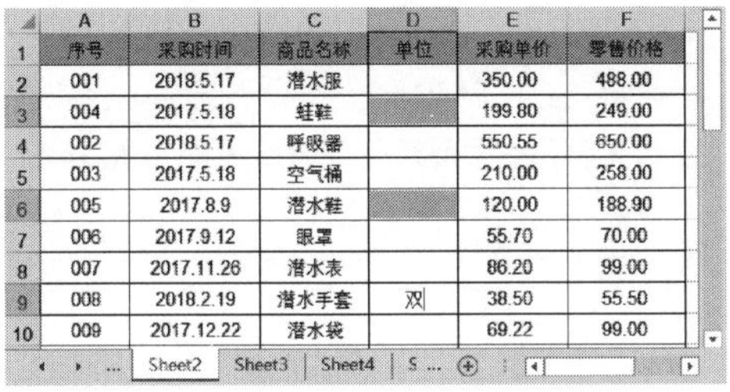

	A	B	C	D	E	F
1	序号	采购时间	商品名称	单位	采购单价	零售价格
2	001	2018.5.17	潜水服		350.00	488.00
3	004	2017.5.18	蛙鞋		199.80	249.00
4	002	2018.5.17	呼吸器		550.55	650.00
5	003	2017.5.18	空气桶		210.00	258.00
6	005	2017.8.9	潜水鞋		120.00	188.90
7	006	2017.9.12	眼罩		55.70	70.00
8	007	2017.11.26	潜水表		86.20	99.00
9	008	2018.2.19	潜水手套	双	38.50	55.50
10	009	2017.12.22	潜水袋		69.22	99.00

图1-106

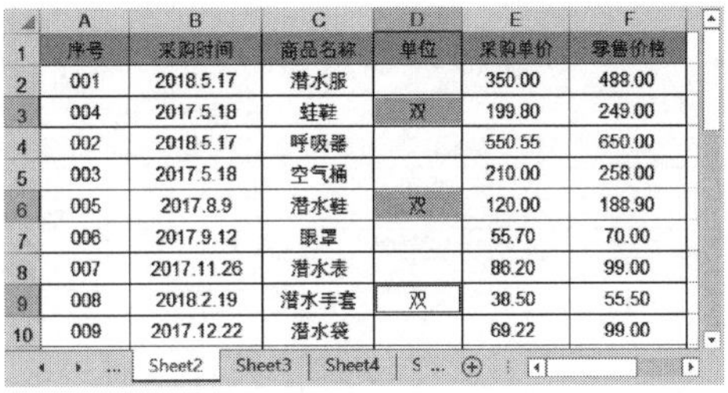

	A	B	C	D	E	F
1	序号	采购时间	商品名称	单位	采购单价	零售价格
2	001	2018.5.17	潜水服		350.00	488.00
3	004	2017.5.18	蛙鞋	双	199.80	249.00
4	002	2018.5.17	呼吸器		550.55	650.00
5	003	2017.5.18	空气桶		210.00	258.00
6	005	2017.8.9	潜水鞋	双	120.00	188.90
7	006	2017.9.12	眼罩		55.70	70.00
8	007	2017.11.26	潜水表		86.20	99.00
9	008	2018.2.19	潜水手套	双	38.50	55.50
10	009	2017.12.22	潜水袋		69.22	99.00

图1-107

> **技巧点拨：**复制粘贴也可以快速输入相同内容
>
> 按Ctrl+C组合键复制需要重复录入的数据，然后用Ctrl键配合鼠标选中不相邻的单元格区域，最后按Ctrl+V组合键将内容粘贴到选中的单元格中。

（3）序列填充和复制填充的切换

按一定的规律填充叫做序列填充，填充相同值叫做复制填充。在对数字或日期进行填充时可以随时在序列填充和复制填充间进行转换。

步骤01 选中一个日期，拖动单元格右下角控制柄，向下填充日期，松开鼠标后单元格区域右下角出现了一个“自动填充选项”按钮，单击该按钮，如图1-108所示。

步骤02 在展开的列表中选择“复制单元格”选项，即可将序列填充修改成复制填充，如图1-109所示。

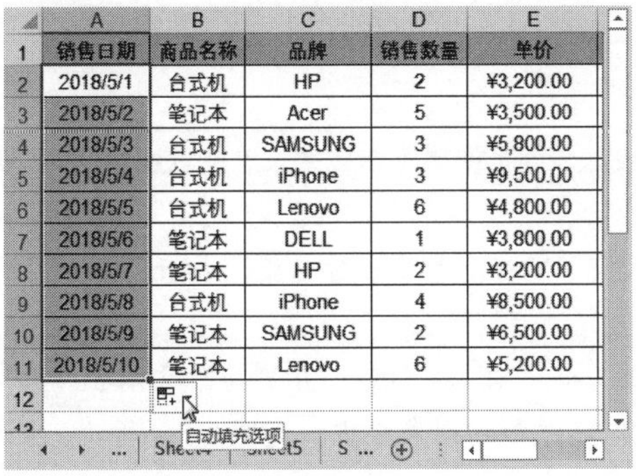

	A	B	C	D	E
1	销售日期	商品名称	品牌	销售数量	单价
2	2018/5/1	台式机	HP	2	¥3,200.00
3	2018/5/2	笔记本	Acer	5	¥3,500.00
4	2018/5/3	台式机	SAMSUNG	3	¥5,800.00
5	2018/5/4	台式机	iPhone	3	¥9,500.00
6	2018/5/5	台式机	Lenovo	6	¥4,800.00
7	2018/5/6	笔记本	DELL	1	¥3,800.00
8	2018/5/7	笔记本	HP	2	¥3,200.00
9	2018/5/8	台式机	iPhone	4	¥8,500.00
10	2018/5/9	笔记本	SAMSUNG	2	¥6,500.00
11	2018/5/10	笔记本	Lenovo	6	¥5,200.00
12					

图1-108

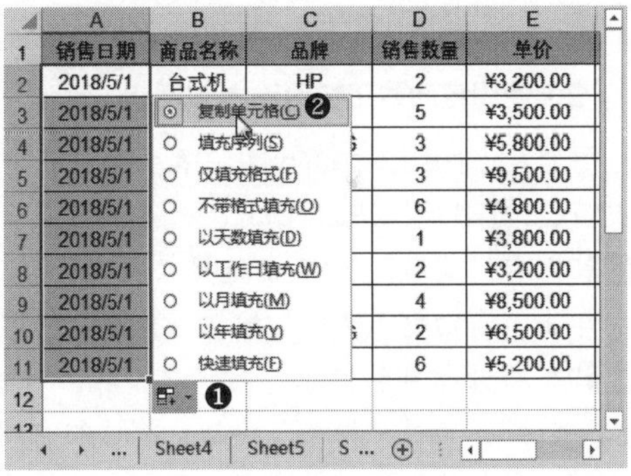

	A	B	C	D	E
1	销售日期	商品名称	品牌	销售数量	单价
2	2018/5/1	台式机	HP	2	¥3,200.00
3	2018/5/1			5	¥3,500.00
4	2018/5/1			3	¥5,800.00
5	2018/5/1			3	¥9,500.00
6	2018/5/1			6	¥4,800.00
7	2018/5/1			1	¥3,800.00
8	2018/5/1			2	¥3,200.00
9	2018/5/1			4	¥8,500.00
10	2018/5/1			2	¥6,500.00
11	2018/5/1			6	¥5,200.00
12					

图1-109

1.3.3 输入数据的简便方法

要想提高数据的输入速度还可以借助一些数据输入小技巧。

（1）数据的记忆式键入

Excel带有记忆式键入功能，当用户在单元格中输入某个词组后，Excel的记忆功能会将这个词组记录下来，当在邻近区域再次输入这个词组时只要输入这个词组的前面部分，后面的内容就可以自动输入到单元格中。

例如，之前Excel中输入过“办公桌”内容，当再次在单元格中输入“办”字，如图1-110所示，即可自动显示“办公桌”，如图1-111所示。

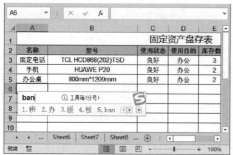

图 1-110

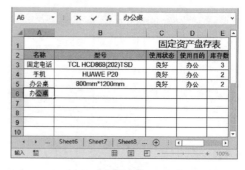

图 1-111

技巧点拨： 关闭Excel的记忆式键入功能

Excel的记忆式键入功能也可以关闭，打开"Excel选项"对话框，在"高级"界面中取消"为单元格值启用记忆式键入"复选框的勾选即可关闭，如图1-112所示。

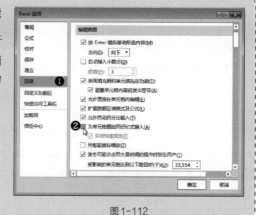

图 1-112

（2）使用自动更正快速输入数据

每个人在使用Excel的过程中都会有一些常用的数据，为了提高工作效率，这些常用数据可以用某些特定的"代码"快速输入。

步骤 01 在"文件"菜单中选择"选项"选项，打开"Excel选项"对话框。打开"校对"页面，单击"自动更正选项"按钮，如图1-113所示。

步骤 02 打开"自动更正"对话框，在"替换"文本框中输入"DS"，在"为"文本框中输入"德胜书坊"，单击"添加"按钮，将这组自动更正内容添加到列表框中，如图1-114所示，最后单击"确定"按钮关闭对话框。

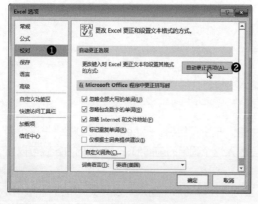

图 1-113

图 1-114

返回工作表，在单元格中输入"DS"，如图1-115所示，输入后单元格中显示"德胜书坊"字样，如图1-116所示。

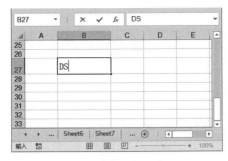

图1-115

图1-116

设置自动更正后工作表将无法输入正常"DS"内容。如果要删除自动更正内容，需再次打开"自动更正"对话框，在"替换"文本框中输入"DS"，找到添加的自动更正选项，单击"删除"按钮便可删除，如图1-117所示。

1.3.4 设置数据有效性

为了提高数据输入的速度和准确度，也为了让表格数据规范化，可以通过设置数据有效性达到这样的目的。

图1-117

（1）通过下拉列表输入数据

当需要在一列中循环输入固定的一些数据时，可以利用数据有效性创建下拉列表实现快速输入。

步骤01 选中需要添加下拉列表的单元格区域，打开"数据"选项卡，在"数据工具"组中单击"数据验证"按钮，如图1-118所示。

步骤02 打开"数据验证"对话框，在"设置"选项卡中单击"允许"下拉按钮，在下拉列表中选择"序列"，在"来源"文本框中输入"办公，运输，施工，休闲"，其中的逗号必须在英文状态下输入。单击"确定"按钮关闭对话框，如图1-119所示。

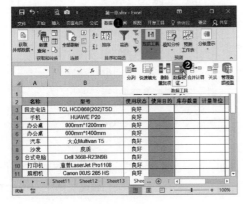

图1-118

图1-119

返回工作表，在所选区域内选择任意一个单元格，单元格右侧均会出现一个下拉按钮，如图1-120所示，单击下拉按钮在下拉列表中选择任意一个选项便可以将该选项输入到单元格中，如图1-121所示。

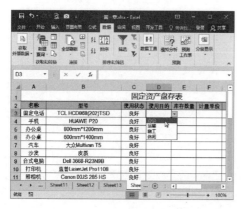

图1-120

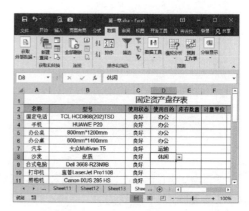

图1-121

设置下拉列表后，用户只能从下拉列表中选择数据，或者输入下拉列表中包含的数据。如果输入下拉列表中没有的数据，系统会禁止输入并弹出对话框进行提醒，如图1-122所示。

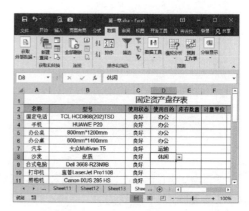

图1-122

（2）限制输入范围

为单元格设置数据的输入范围可以有效减少错误率。可以对整数、小数、日期、时间等设置限制输入范围。

步骤01 选中需要输入日期的单元格区域，打开"数据"选项卡，在"数据工具"组中单击"数据验证"按钮，如图1-123所示。

步骤02 弹出"数据验证"对话框，在"允许"下拉列表中选择"日期"，在"数据"下拉列表中选择"介于"。设置好"开始日期"和"结束日期"，单击"确定"按钮关闭对话框，如图1-124所示。

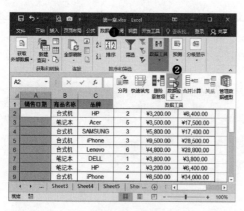

图1-123

图1-124

返回工作表后，在之前选中的单元格区域内输入日期，此时单元格中只能输入"数据验证"对话框中设置的介于"开始日期"和"结束日期"之间的日期，如图1-125所示。当输入超出这个范围的日期时系统会弹出提示对话框，如图1-126所示。

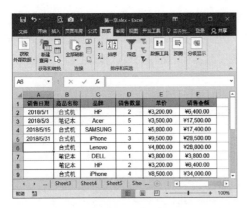

图 1-125

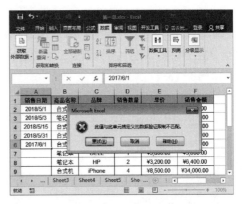

图 1-126

图 1-127

用户可以自定义出错警告对话框。打开
"数据验证"对话框在"设置"选项卡中设置好
数据验证条件后，切换到"出错警告"选项卡，
在该选项卡中可以设置对话框的"样式""标
题"和"错误信息"，如图 1-127 所示。如果
输入错误，系统会打开提示框进行提示，如图
1-128 所示。

图 1-128

（3）限制文本长度

在输入电话号码、身份证号码这类有固定长度的数据时，可以为单元格设置数据验证，限制文本
长度，避免多输或漏输数据。

步骤01 选中需要限制文本长度的单元格区域，打开"数据"选项卡，在"数据工具"组中单
击"数据验证"按钮，如图 1-129 所示。

步骤02 打开"数据验证"对话框，在"设置"选项卡中依次设置验证条件为"文本长度""等
于""18"，如图 1-130 所示。

图 1-129

图 1-130

为了提醒后面使用这份Excel文件的用户，还可以为数据验证设置一个屏幕提醒。设置好验证条件后切换到"输入信息"选项卡，在"标题"和"输入信息"文本框中输入内容，如图1-131所示。最后单击"确定"按钮关闭对话框。选中任意一个设置了数据验证的单元格，屏幕上都会出现提示信息，如图1-132。

图1-131

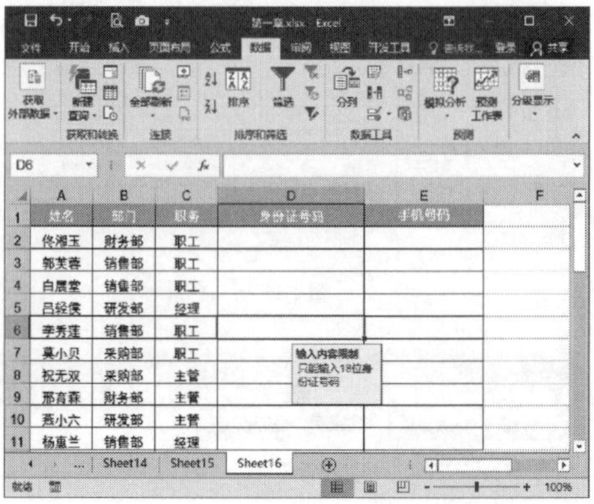

图1-132

此时限制了文本长度的单元格中只能输入18位数，输多或输少都不行，如图1-133所示。限制文本长度对文本型数据和数值型数据都有效。

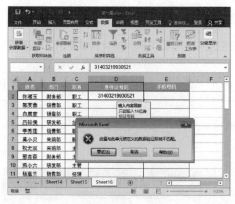

图1-133

知识延伸：删除数据验证

删除数据验证的方法很简单，选中需要删除数据验证的单元格区域，打开"数据验证"对话框，单击"全部清除"按钮即可，如图1-134所示。

图1-134

制作员工薪酬统计表

通过本章内容的学习，我们可通过一个小练习来自测一下学习成果。打开"员工薪酬统计表"原始文件，并按照下列要求进行操作。

（1）在B3单元格中，输入"DS1601"内容，使用鼠标拖曳的方法，填充该列其他单元格中的数据。

（2）选中D3:D19单元格区域，打开"数据验证"对话框，将"允许"设为"序列"，并输入"工程部,项目部,策划部,财务部"序列内容，完成数据验证操作。

（3）选中D3单元格，单击其下拉按钮，输入数据。按照同样的操作方法，输入F3:F19单元格区域的数值，最终效果如图1-135所示。

员工编号	姓名	部门	学历	年龄	实发工资	基本工资	奖金
DS1601	郑季红	工程部	研究生	45	¥ 5,800.00	¥ 3,200.00	¥ 2,600.00
DS1602	李静	工程部	本科	32	¥ 5,800.00	¥ 3,200.00	¥ 2,600.00
DS1603	陈立强	工程部	本科	43	¥ 4,700.00	¥ 3,000.00	¥ 1,700.00
DS1604	张峰彦	项目部	本科	29	¥ 6,000.00	¥ 4,500.00	¥ 1,500.00
DS1605	陈可宜	项目部	大专	28	¥ 6,500.00	¥ 4,800.00	¥ 1,700.00
DS1606	宋承峰	项目部	大专	44	¥ 3,200.00	¥ 2,500.00	¥ 700.00
DS1607	张丽莉	项目部	研究生	26	¥ 3,200.00	¥ 2,300.00	¥ 900.00
DS1608	陈吉儿	策划部	本科	31	¥ 3,000.00	¥ 2,300.00	¥ 700.00
DS1609	王常进	策划部	大专	49	¥ 4,300.00	¥ 3,000.00	¥ 1,300.00
DS1610	刘大绍	策划部	大专	25	¥ 4,500.00	¥ 3,000.00	¥ 1,500.00
DS1611	刘晨	策划部	研究生	29	¥ 3,100.00	¥ 2,200.00	¥ 900.00
DS1612	赵彦	策划部	大专	38	¥ 3,300.00	¥ 2,200.00	¥ 1,100.00
DS1613	陈洋洋	财务部	大专	34	¥ 4,000.00	¥ 3,000.00	¥ 1,000.00
DS1614	张亮	财务部	大专	47	¥ 2,800.00	¥ 2,000.00	¥ 800.00
DS1615	童阳	财务部	本科	34	¥ 2,500.00	¥ 2,000.00	¥ 500.00
DS1616	刘子涵	财务部	大专	24	¥ 4,300.00	¥ 3,200.00	¥ 1,100.00
DS1617	赵欣瑜	财务部	研究生	46	¥ 4,500.00	¥ 3,200.00	¥ 1,300.00

员工薪酬统计表

图1-135

该表格样式的设置可参见第2章的相关内容。

用时统计：□□分钟

难点备注（在完成本练习时有哪些知识点还没有掌握，可自行记录并加以巩固）：

第**2**章　● 巧用数据的格式化操作 ●

知识导读

　　一份优秀的报表不仅要求数据输入规范化，同样要求表格外观美观大方。设置表格外观主要从字体格式、单元格样式以及表格样式几个方面入手。

思维导图

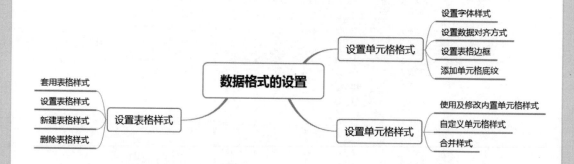

数据格式的设置

设置单元格格式
- 设置字体样式
- 设置数据对齐方式
- 设置表格边框
- 添加单元格底纹

设置单元格样式
- 使用及修改内置单元格样式
- 自定义单元格样式
- 合并样式

设置表格样式
- 套用表格样式
- 设置表格样式
- 新建表格样式
- 删除表格样式

本章教学视频数量：**8**个

2.1 巧设单元格格式

单元格格式的设置主要包括字体格式的设置，单元格对齐方式的设置以及边框和底纹的设置，这些都属于Excel最基本的操作。

2.1.1 字体样式的设置

数据输入到工作表后用户可以对字体、字号进行修改，另外还可以对表格数据进行一些效果处理，让数据看上去更美观。

（1）设置字体字号

如果用户对工作表中数据的字体、字号不满意随时可以进行修改，修改的方法也很简单。

步骤01 选中需要设置字体的单元格区域，打开"开始"选项卡，在"字体"组中单击"字体"下拉按钮，在下拉列表中选择需要的字体选项，可将所选数据设置成相应的字体，如图2-1所示。

步骤02 在"字体"组中单击"字号"下拉按钮，在下拉列表中选择合适的字号，可将所选数据设置成相应字号，如图2-2所示。

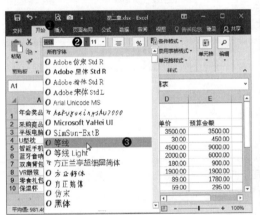

图2-1

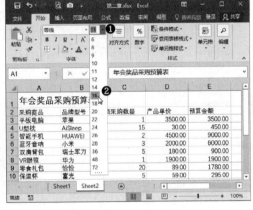

图2-2

在"字体"组中单击"A"按钮可以快速增大字号，单击"A"按钮可以快速缩小字号。

"字号"下拉列表中只显示6～72的字号，如果用户需要设置超出这个范围的字号，可以直接在字号文本框中输入。例如，在"字号"文本框中输入"100"，按回车键后所选单元格中的数据的字号即被设置成100。

（2）设置默认字体字号

有的公司会要求Excel文件必须用指定的字体，为了避免每次都要设置字体的麻烦，用户可以将指定的字体设置成默认字体。

打开"文件"菜单，选择"选项"选项。打开"Excel选项"对话框，在"常规"界面单击"使用此字体作为默认字体"下拉按钮，在下拉列表中选择需要的字体，如图2-3所示，即可将该字体设置成默认字体。单击"字号"下拉按钮，在下拉列表中可以设置默认的字号，如图2-4所示。

图2-3 图2-4

（3）设置字体效果

用户可以为指定文本添加一些效果，比如加粗、设置字体颜色、倾斜、添加下划线等，起到突出显示的目的。

在"开始"选项卡中的"字体"组内单击"加粗"按钮，可以将所选单元格中的文本字体加粗显示，如图2-5所示。单击"字体颜色"下拉按钮，在下拉列表中选择合适的颜色，可将所选区域中的数据设置成相应的颜色，如图2-6所示。

图2-5 图2-6

在"字体"组中单击"下划线"下拉按钮，在下拉列表中可以选择下划线类型，为所选数据添加下划线，如图2-7所示。另外，用户还可以按Ctrl+1组合键打开"设置单元格格式"对话框，在"字体"选项卡中单击"下划线"下拉按钮，在下拉列表中选择"会计用单下划线"或"会计用双下划线"，如图2-8所示。

图2-7 图2-8

技巧点拨：将数据设置成倾斜效果

在"字体"组中单击"I"倾斜按钮，可以将数据设置成倾斜效果。在"设置单元格格式"选项卡的"字体"组中选择"加粗倾斜"选项还可以为数据同时添加倾斜和加粗效果，如图2-9所示。

图2-9

（4）添加特殊效果

报表中有些数据并不重要，但是又想保留下来作为参考值，这时候可以在数据上方添加删除线。

选中需要添加删除线的单元格，按Ctrl+1组合键打开"设置单元格格式"对话框，打开"字体"选项卡，勾选"删除线"复选框，如图2-10所示。单击"确定"按钮，所选单元格中的数据上方即被添加删除线，如图2-11所示。

图2-10

图2-11

想要在Excel中输入"10^3"和"H_2O"之类的数据，可以为数据设置"上标"或"下标"。

选中需要设置成上标的数据，如图2-12所示，按Ctrl+1组合键打开"设置单元格格式"对话框，勾选"上标"复选框，单击"确定"按钮，可以将所选数据设置成上标，如图2-13所示。

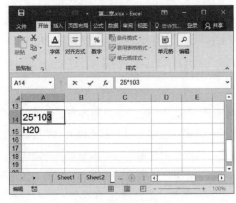

图2-12

图2-13

选中需要设置成下标的数据，打开"设置单元格格式"对话框，勾选"下标"复选框，如图2-14所示，单击"确定"按钮，可以将所选数据设置成下标，如图2-15所示。

第2章 巧用数据的格式化操作

图2-14

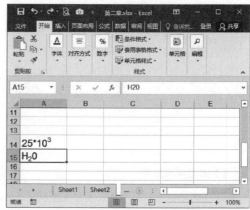

图2-15

2.1.2 调整数据对齐方式

（1）设置文本对齐方式

默认的情况下，文本型数据自动靠单元格左侧对齐，数值型数据自动靠单元格右侧对齐，用户可以通过设置来改变数据的对齐方式。

选中需要设置对齐方式的单元格区域，在"开始"选项卡的"对齐方式"组中单击"居中"按钮，如图2-16所示，选区内的所有数据随即在水平方向上居中对齐到单元格，如图2-17所示。

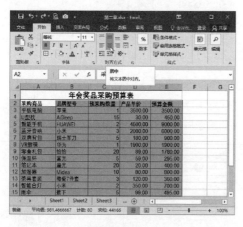

图2-16

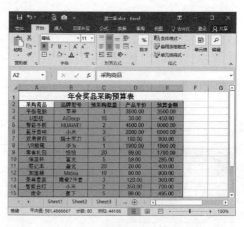

图2-17

对齐方式分为水平对齐和垂直对齐，在单元格高度有限的情况下使用垂直对齐方式效果并不明显，只有在增加了单元格高度后，垂直对齐方式才会显示出效果，在制作报表时比较常用的是垂直居中。用户可以在"对齐方式"组中单击其他垂直对齐按钮，修改数据在单元格中垂直对齐的方式。

图2-18

对齐方式组的左侧6个按钮，是用来设置对齐方式的。位于下方的三个按钮，从左至右分别是"左对齐""居中"和"右对齐"，这三个按钮用来设置数据在水平方向上的对齐方式。位于上方的三个按钮从左至右分别是"顶端对齐""垂直居中"和"底端对齐"，用来设置数据在垂直方向上的对齐方式，如图2-18所示。

（2）设置分散对齐

除了在"对齐方式"组中设置最基本的对齐方式外，用户还可以打开"设置单元格格式"对话框，对数据的对齐方式进行更多的设置。例如，一列中的数据文本长度大不相同，这样不管是使用"左对齐""居中"还是"右对齐"，整列看上去都不是很整齐，这时候可以使用分散对齐，另外可以设置缩进量，缩小文本间的间距。

选中需要设置对齐方式的单元格区域，按Ctrl+1组合键打开"设置单元格格式"对话框，打开"对齐"选项卡，单击"水平对齐"下拉按钮，在下拉列表中选择"分散对齐（缩进）"选项，如图2-19所示。设置"缩进"值为"2"，单击"确定"按钮关闭对话框，如图2-20所示。

图2-19

图2-20

下面两张图是设置分散对齐前后的对比图。图2-21所示的是设置之前的效果，图2-22所示的是设置完成后的效果。

	A	B	C	D	E
3	平板电脑	苹果	1	3500.00	3500.00
4	U型枕	AiSleep	15	30.00	450.00
5	智能手机	HUAWEI	2	4500.00	9000.00
6	蓝牙音响	小米	3	2000.00	6000.00
7	双肩背包	瑞士军刀	5	180.00	900.00
8	VR眼镜	华为	1	1900.00	1900.00
9	零食礼包	恰恰	20	89.00	1780.00
10	保温杯	富光	5	59.00	295.00
11	笔记本	晨光	20	20.00	400.00
12	加湿器	Midea	10	80.00	800.00
13	茶具套装	陶瓷7件套	3	120.00	360.00
14	智能台灯	小米	2	350.00	700.00
15	雨伞	蕉下	5	99.00	495.00
16	充电宝	华为	6	80.00	480.00
17	空气净化器	Midea	1	2000.00	2000.00
18					

图2-21

	A	B	C	D	E
3	平板电脑	苹果	1	3500.00	3500.00
4	U 型 枕	AiSleep	15	30.00	450.00
5	智能手机	HUAWEI	2	4500.00	9000.00
6	蓝牙音响	小米	3	2000.00	6000.00
7	双肩背包	瑞士军刀	5	180.00	900.00
8	VR 眼 镜	华为	1	1900.00	1900.00
9	零食礼包	恰恰	20	89.00	1780.00
10	保 温 杯	富光	5	59.00	295.00
11	笔 记 本	晨光	20	20.00	400.00
12	加 湿 器	Midea	10	80.00	800.00
13	茶具套装	陶瓷7件套	3	120.00	360.00
14	智能台灯	小米	2	350.00	700.00
15	雨 伞	蕉下	5	99.00	495.00
16	充 电 宝	华为	6	80.00	480.00
17	空气净化器	Midea	1	2000.00	2000.00
18					

图2-22

（3）调整文字方向

在Excel中也可以进行一些版式设计，设计版式的时候经常要旋转文字方向，用户可以根据Excel提供的选项进行旋转，也可以自行设置文本的旋转角度。

选中需要旋转文字方向的单元格，打开"开始"选项卡，在"对齐方式"组中单击"方向"下拉按钮，在下拉列表中可以选择需要的旋转选项。此处我们选择"竖排文字"选项，如图2-23所示。单元格中的文本随即变成竖排显示，如图2-24所示。

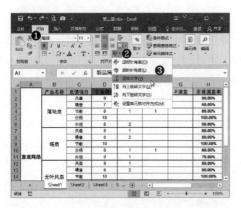

图2-23

图2-24

在"设置单元格格式"对话框中的"对齐"选项卡内，用鼠标拖动"方向"区域中的横线，可以将所选区域中的文本在90°～-90°之间进行旋转，如图2-25所示。

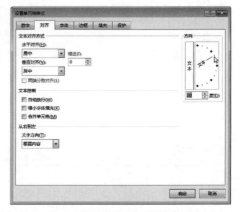

图2-25

（4）合并单元格

在制作报表标题时常会用到合并单元格功能，即把多个单元格合并成一个大的单元格。

合并单元格分为"合并后居中""跨越合并"和"合并单元格"几种类型。选中需要合并的单元格区域，打开"开始"选项卡，在"对齐方式"组中单击"合并后居中"下拉按钮，如图2-26所示，在下拉列表中选择需要的合并选项即可。

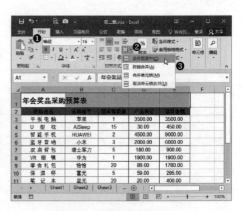

图2-26

"合并后居中"和"合并单元格"的效果很像，这两者的区别在于"合并后居中"后，合并单元格中的文本居中显示，如图2-27所示，而"合并单元格"后单元格中的文本依然保持左上角单元格对齐方式，如图2-28所示。

待合并的单元格区域中多个单元格内都有数据，那么在合并单元格后，只保留左上角单元格中的内容。

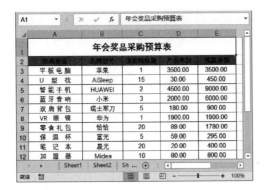

图2-27　　　　　　　　　　　　　　图2-28

"跨越合并"和其他两种合并稍有不同，当选中多行中的单元格进行合并时，如图2-29所示，"跨越合并"只会按行合并，而列不会合并，如图2-30所示。

图2-29　　　　　　　　　　　　　　图2-30

若想取消合并单元格，在"合并后居中"下拉列表中选择"取消单元格合并"即可。

2.1.3　添加表格边框

（1）快速添加表格边框

步骤01 选中需要添加边框的单元格区域，打开"开始"选项卡，在"字体"组中单击"边框"下拉按钮，从中选择"所有框线"选项，如图2-31所示。选区内所有单元格随即被添加边框，如图2-32所示。

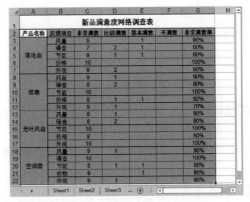

图2-31　　　　　　　　　　　　　　图2-32

按住Ctrl键分多次选中需要添加粗外侧框线的单元格区域，再次打开"边框"下拉列表，选择"粗外侧框线"选项，如图2-33所示。各选区的外侧框线即被加粗显示，如图2-34所示。

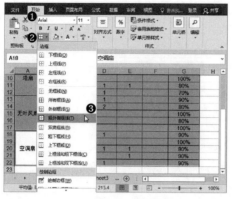

图2-33　　　　　　　　　　　　　　　　图2-34

（2）自定义边框样式

系统提供的边框样式都显示在边框下拉列表中，这些样式比较有限，用户若想设计出更漂亮更有个性的边框样式可以在"设置单元格格式"对话框中进行设置。在"设置单元格格式"对话框中不仅有更多可供选择的线条样式，还能够为边框添加各种颜色。

自定义边框前后的效果，如图2-35和图2-36所示。

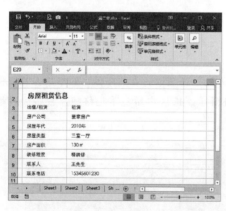

图2-35

图2-36

步骤 01 选中需要添加边框的表格区域，按Ctrl+1组合键打开"设置单元格格式"对话框。切换到"边框"选项卡，第一步在"样式"组中选择"双实线"，第二步单击"颜色"下拉按钮，选择"蓝色"，第三步单击"外边框"按钮。这是设置外侧边框样式，如图2-37所示。注意步骤顺序不能颠倒。

步骤 02 重新在"样式"组中选择左侧向下数第五个虚线类型。这次不用再设置颜色，直接在"边框"组中单击内部横线按钮，如图2-38所示，设置内部横线样式。

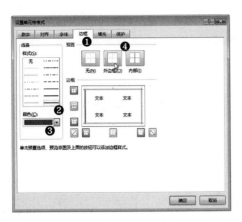

图2-37

图2-38

步骤03 再次在"样式"组中选择"单实线",接着在"边框"组中单击内部竖线按钮。这步是设置内部竖线样式,如图2-39所示,单击"确定"按钮关闭对话框。

图2-39

(3)绘制边框

用户还可以手动绘制表格边框。打开"开始"选项卡,在"字体"组中单击"边框"下拉按钮,在下拉列表中有一个"绘制边框"组,该组中保存的是用于绘制表格边框的各种选项。选择"绘图边框网格"选项,如图2-40所示。此时光标变成了"🖉⊞"形状,按住鼠标左键,在需要添加边框的单元格区域上方拖动,即可为单元格添加边框线,如图2-41所示。再次单击"边框"按钮可以退出绘制状态。

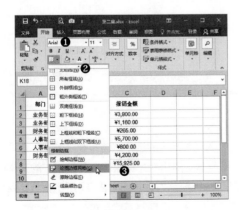

图2-40

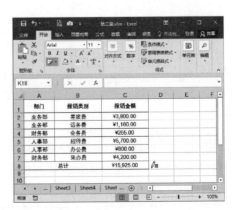

图2-41

手绘表格边框同样可以设置边框线型和线条颜色。在"边框"下拉列表中的"绘制边框"组中选择"线条颜色"选项，如图2-42所示，在其下级列表中可以设置线条颜色。选择"线型"选项，在展开的下级列表中可以对线型进行选择，如图2-43所示。

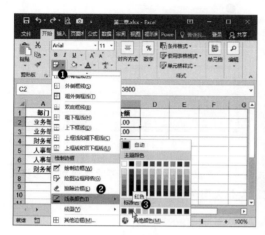

图2-42

图2-43

如果在不需要添加边框的位置上添加了边框，可以使用"擦除边框"功能进行擦除。

（4）制作斜线表头

斜线表头在制作表格时也十分常见，在有斜线表头的单元格中可以显示多个不同的项目。

选中需要制作斜线表头的单元格，如图2-44所示，按Ctrl+1组合键打开"设置单元格格式"对话框，切换到"边框"选项卡，单击"斜线"按钮，如图2-45所示，单击"确定"按钮关闭对话框。

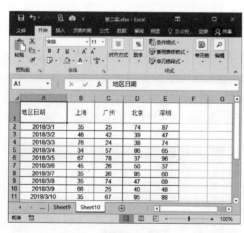

图2-44

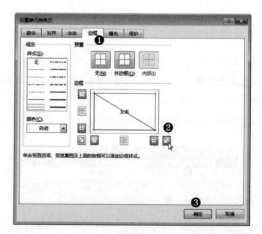

图2-45

此时单元格中添加了一条从左上角到右下角的斜线。保持单元格的选中状态，在"开始"选项卡的"对齐方式"组中单击"自动换行"按钮，如图2-46所示。随后将光标定位在单元格中的文本的最前面，连续按下空格键，直到将"日期"两个字转到下一行显示为止，如图2-47所示，至此斜线表头就做好了。需要注意的是，斜线表头的文本对齐方式要保持"常规"或"左对齐"。

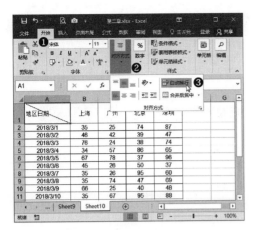

图2-46

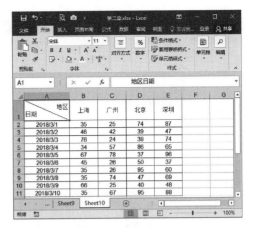

图2-47

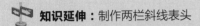

知识延伸：制作两栏斜线表头

当需要制作两栏斜线表头时，可以使用插入直线的方法进行绘制。在"插入"选项卡的"插图"组中单击"形状"下拉按钮，在下拉列表中选择"直线"选项，如图2-48所示。在单元格中绘制两条直线，文本依然用换行和加空格的形式来控制，如图2-49所示。

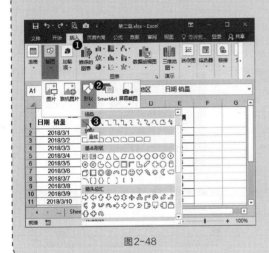

图2-48

图2-49

2.1.4 添加底纹效果

工作表中所有单元格的底色默认是统一的白色，在制作报表的时候可以适当地为一些指定的单元格添加底纹，以增加美观度和辨识度。

（1）设置纯色填充

在Excel中可以设置出很多种底纹效果，其中最常用的是纯色填充。

选中需要填充底纹的单元格，打开"开始"选项卡，在"字体"组中单击"填充颜色"下拉按钮，在下拉列表中选择合适的颜色，如图2-50所示，即可为所选单元格填充相应的底色，如图2-51所示。

图2-50

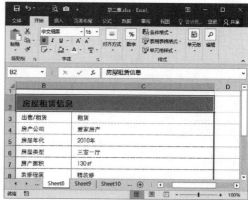

图2-51

除了"填充颜色"下拉列表中可供选择的颜色外，用户还可以打开"颜色"对话框进行颜色选择。在"填充颜色"下拉列表中选择"其他颜色"选项，即可打开"颜色"对话框。用户可以在"标准"选项卡中选择需要的颜色，如图2-52所示，也可以切换到"自定义"选项卡，自己设定颜色，如图2-53所示。

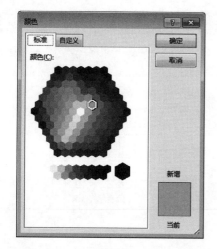

图2-52

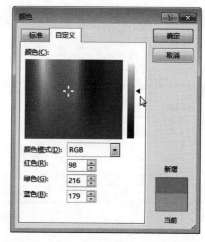

图2-53

（2）设置渐变填充

如果觉得单纯用一种颜色做底纹太单调，可以设置双色渐变填充效果。

步骤01 选中需要填充底纹的单元格区域，按Ctrl+1组合键，打开"设置单元格格式"对话框，切换到"填充"选项卡，单击"填充效果"按钮，如图2-54所示。

步骤02 打开"填充效果"对话框，选择"双色"选项，分别在"颜色1"和"颜色2"下拉列表中选择两种不同的颜色，可以选择一个色系的颜色，这样制作出来的渐变效果比较自然。随后在"底纹样式"组中选择一个样式，在"变形"组中选择渐变的最终效果，如图2-55所示。单击"确定"按钮关闭对话框。

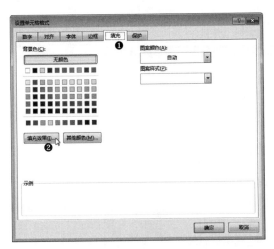

图2-54

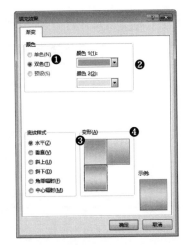

图2-55

此时，所选单元格区域即被填充了渐变色底纹，如图2-56所示。

A	B	C	D	E	F	G	H	I
			新品满意度网络调查表					
	产品名称	反馈项目	非常满意	比较满意	基本满意	不满意	非常满意率	
		风量	9		1		90%	
		噪音	7	2	1		60%	
	落地扇	节能	8	1	1		80%	
		价格	10				100%	
		外观	8	2			90%	
		风量	9	1			90%	
		噪音	8	2			80%	
	塔扇	节能	10				100%	
		价格	8	1	1		80%	
		外观	9	1			70%	

图2-56

（3）设置图案填充

使用图案填充可以为表格增添一些带纹理的底纹效果。设置图案填充并不复杂，选中需要填充底纹的单元格区域，按Ctrl+1组合键打开"设置单元格格式"对话框，切换到"填充"选项卡，分别在"图案颜色"和"图案样式"下拉列表中选择合适的颜色和图案，如图2-57和图2-58所示，单击"确定"按钮。

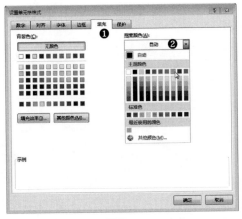

图2-57

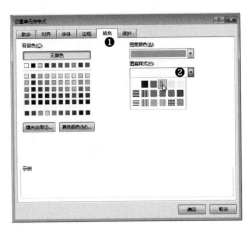

图2-58

选区内的单元格即被填充了相应图案的底纹，如图2-59所示。

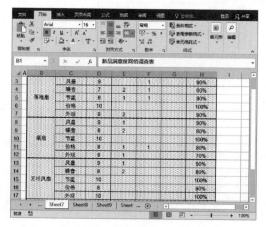

图2-59

技巧点拨：删除底纹

如果要删除底纹，直接选中设置了底纹的单元格区域，单击"填充颜色"下拉按钮，在下拉列表中选择"无填充色"选项即可。

2.2 应用单元格样式

应用单元格样式一来可以突出显示数据，二来可以起到美化表格的作用。前面介绍的设置字体样式，设置表格边框样式以及设置底纹填充都是设置单元格样式的一部分。

2.2.1 使用内置单元格样式

使用内置单元格样式可以快速改变单元格的样式。设置单元格样式有一个巧妙的用处，即它内置了"百分比""货币"和千位分隔数字样式。用户可以快速套用这些数字样式，省去了设置数字格式的时间，从而提高制表速度。

选中下表中所有的工资数据，打开"开始"选项卡，在"样式"组中单击"单元格样式"下拉按钮，在下拉列表中选择"货币"选项，如图2-60所示，即可将所选数值设置成货币格式。

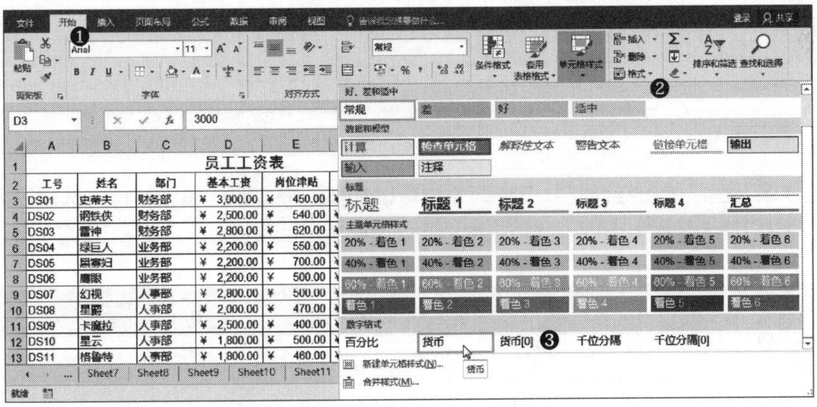

图2-60

选中基本工资列中的所有数据，再次打开"设置单元格样式"下拉列表，选择合适的单元格样式，选区内的所有单元格即可套用所选单元格样式，如图2-61所示。

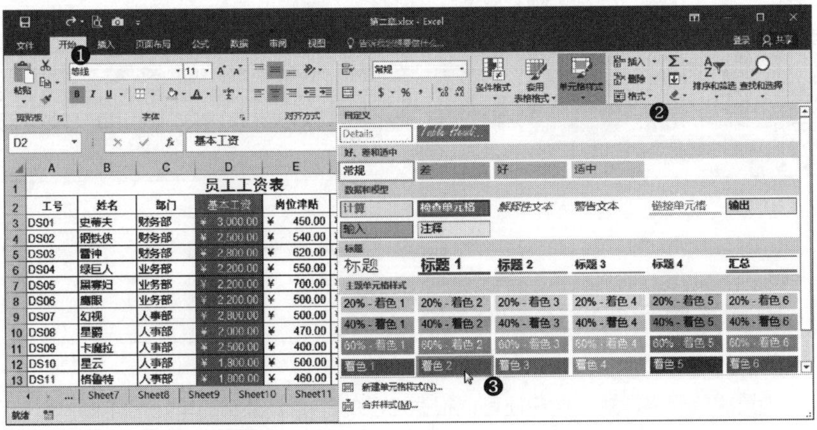

图2-61

2.2.2 修改内置单元格样式

套用单元格样式后如果对该样式有不满意的地方，可以在下拉列表中对单元格样式进行修改。

步骤01 打开"开始"选项卡，在"样式"组中单击"单元格样式"下拉按钮，在下拉列表中右击需要修改的样式，在弹出的菜单中选择"修改"选项，如图2-62所示。

步骤02 打开"样式"对话框，在该对话框中可以通过复选框的勾选情况了解到所选的单元格样式都做了哪些设置，单击"格式"按钮，如图2-63所示，打开"设置单元格格式"对话框。

步骤03 在"设置单元格格式"对话框中用户可以打开不同的选项卡对数字格式、对齐方式、字体、边框等进行修改，我们在这里只对单元格文本的"字体""字形"以及"颜色"做了修改，如图2-64所示，单击"确定"按钮关闭对话框。

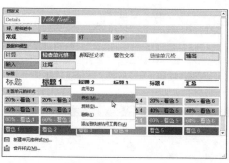

图2-62　　　　　　　　　　　图2-63　　　　　　　　　　　图2-64

返回工作表，在"单元格样式"下拉列表中可以观察到被修改的单元格样式选项已经发生了变化，如图2-65所示，工作表中选中的单元格自动变成修改过的样式。

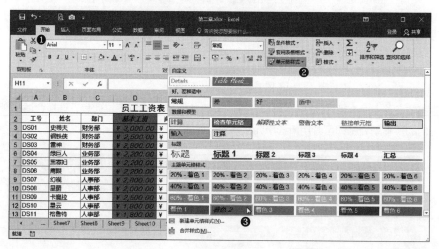

图2-65

2.2.3 自定义单元格样式

除了套用内置的单元格样式，用户还可以根据自己的需要创建新的单元格样式，即自定义单元格样式。自定义单元格样式的操作方法与修改单元格样式的操作方法类似。

步骤01 打开"开始"选项卡，在"样式"组中单击"单元格样式"下拉按钮，在下拉列表中选择"新建单元格样式"选项，如图2-66所示。

步骤02 打开"样式"对话框，单击"格式"按钮，如图2-67所示。

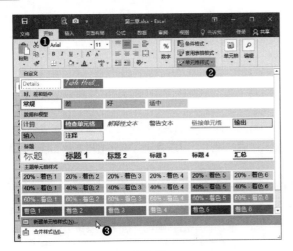

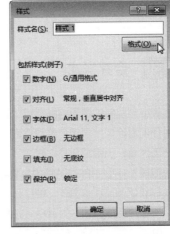

图2-66 图2-67

步骤03 打开"设置单元格格式"对话框，此处在该对话框中做了以下设置：数字格式设置为2位小数，水平对齐方式，字体为白色倾斜的华文楷体，白色外部边框，填充色为自定义的玫红色，如图2-68所示。

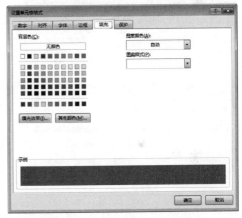

步骤04 设置完成后在"单元格样式"下拉列表的"自定义"组内可以查看到新建的单元格样式。在工作表中选择单元格区域，单击该自定义样式，如图2-69所示，选区内的单元格即可应用该自定义样式。

图2-68

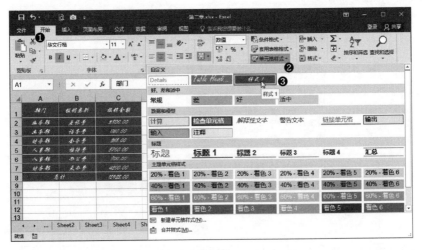

图2-69

如果要删除单元格样式，在单元格样式上方右击鼠标，在弹出的菜单中选择"删除"选项即可删除。

2.2.4 合并样式

修改或创建新的单元格样式后，这些新的单元格样式只会存在于当前工作簿，并不会对其他工作簿产生任何影响。如果用户希望它们在其他工作簿中可用，可以将这些单元格样式从当前工作簿复制到另一工作簿，也就是合并样式。

在当前工作簿中创建了新的单元格样式后，在工作簿为打开的状态下，按Ctrl+N组合键新建工作簿。在新建的"工作簿1"中打开"单元格格式"下拉列表，选择"合并样式"选项，如图2-70所示。弹出"合并样式"对话框，选择"第二章"选项，单击"确定"按钮。系统会弹出一个询问对话框，单击"是"按钮，如图2-71所示。

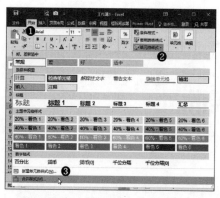

图2-70

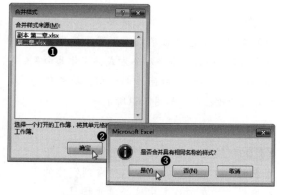

图2-71

在"工作簿1"中再次打开"单元格格式"下拉列表，可以看到"工作簿1"合并了"第二章"的单元格样式，如图2-72所示。

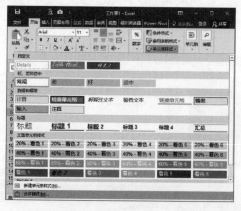

图2-72

合并样式并不会删除工作簿中原有的样式，而是向工作簿中添加没有的样式。

2.3 套用表格样式

每个Excel用户都希望自己制作的表格实用又美观，通过套用表格样式就可以让表格瞬间摆脱平庸变得华丽起来。

2.3.1 表格样式的套用

Excel有很多内置的表格样式，这些表格样式对字体、字号、填充色、字体颜色、表格边框等做了不同的设置。用户要做的只是在这些内置样式中做出选择，就可以轻松改变数据表的模样。

步骤01 选中数据表中的任意一个单元格，打开"开始"选项卡，在"样式"组中单击"套用表格格式"下拉按钮，在下拉列表中选择一个合适的样式，如图2-73所示。

步骤02 弹出"套用表格格式"对话框，"表数据的来源"文本框中会自动选择整个数据表区域，用户也可以手动选择数据表的部分区域，此处保持默认选取整个数据表区域，单击"确定"按钮，如图2-74所示。

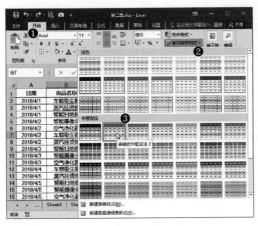

图2-73

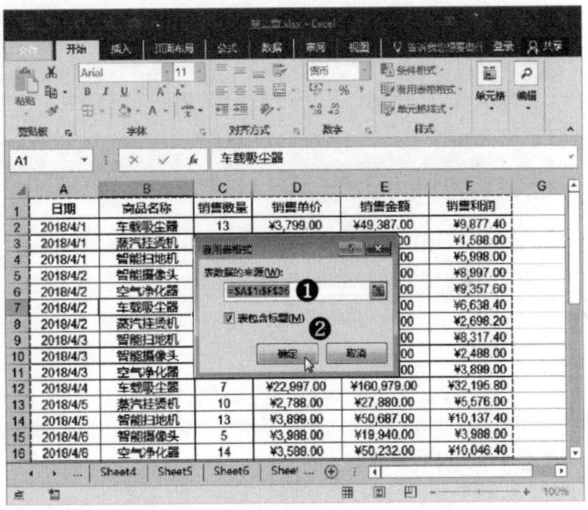

图2-74

为数据表套用表格样式后的效果如图2-75所示。

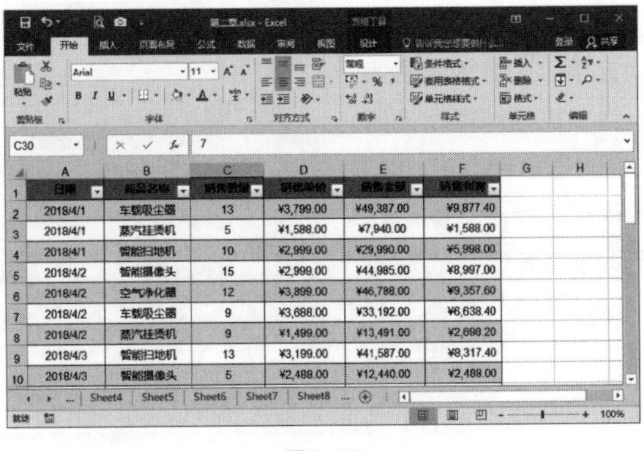

图2-75

2.3.2 设置表格样式

套用表格样式后数据表会自动添加筛选按钮，在功能区中会增加一个"表格工具－设计"选项卡，用户可以在数据表中执行筛选，也可以通过"表格工具－设计"选项卡对当前表格样式进行设置。

（1）切换表格样式

套用表格样式后，用户如果对所选表格样式不满意，可以随时切换成其他样式。选中表格中任意一个单元格，打开"表格工具－设计"选项卡，在"表格样式"组中单击"其他"按钮，展开表格样式列表。当鼠标移动到一个表格样式上方时，数据表会同步生成套用该样式的预览，确定使用哪种样式后，直接单击该样式即可，如图2-76所示。

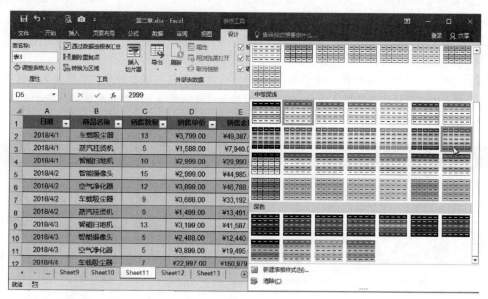

图2-76

（2）添加汇总行

套用表格格式后，选中表格中的任意一个单元格，打开"表格工具－设计"选项卡，在"表格样式选项"组中勾选"汇总行"复选框，表格最下方即可被添加汇总行，如图2-77所示。

（3）删除重复项

如果报表中存在重复内容，可以使用"删除重复项"功能进行删除。员工工资表中要保证"工号"列内容的唯一性，需要对重复的信息进行删除。选中表格中的任意单元格，打开"表格工具－设计"选项卡，单击"删除重复项"按钮，如图2-78所示。弹出"删除重复项"对话框，先单击"取消全选"按钮，取消所有复选框的勾选，然后勾选"工号"复选框，最后单击"确定"按钮，如图2-79所示。

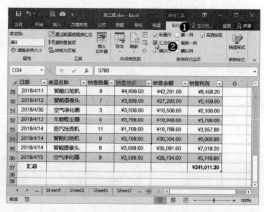

图2-77

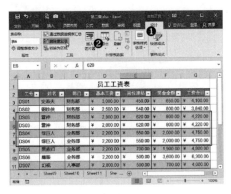

图2-78

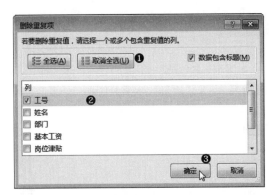

图2-79

系统弹出提示对话框，单击"确定"按钮，如图2-80所示。报表中重复的内容已经被删除，如图2-81所示。

图2-80

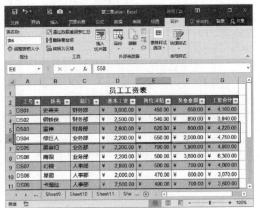

图2-81

（4）转换为普通表格

如果用户只是想单纯改变数据表的外观，不需要对数据表做其他设置，可以将数据表转换为普通表格。

选中表格中的任意一个单元格，打开"表格工具 - 设计"选项卡，在"工具"组中单击"转换为区域"按钮，系统弹出提示对话框，单击"是"，如图2-82所示。表格即被转化成普通表格，筛选按钮和"表格工具 - 设计"选项卡同时消失，如图2-83所示。

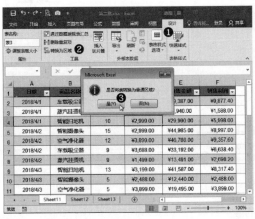

图2-82

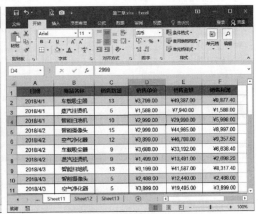

图2-83

2.3.3 新建表格样式

如果用户需要长期使用某种特定的表格样式,可以将该样式保存到表格样式列表中。

步骤 01 打开"开始"选项卡,在"样式"组中单击"套用表格格式"下拉按钮,在下拉列表中选择"新建表格样式"选项,如图2-84所示。

步骤 02 打开"新建表样式"对话框,在"表元素"列表框中选择第一个需要设置的元素,单击"格式"按钮,如图2-85所示。

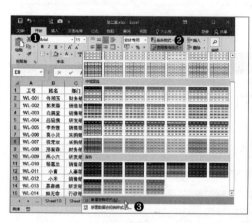

图2-84

图2-85

步骤 03 打开"设置单元格格式"对话框,在该对话框中设置所选元素的字体、边框以及填充效果,如图2-86所示。设置好后单击"确定"按钮,返回"新建表样式"对话框。

步骤 04 继续选择表元素,参照以上步骤设置所选表元素的单元格格式。全部设置好后单击"确定"按钮,如图2-87所示,关闭对话框。

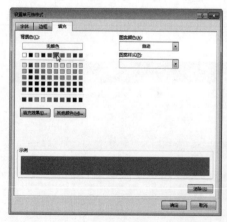

图2-86

图2-87

返回工作表,此时"套用表格格式"下拉列表的最上方多出了一个"自定义"组,如图2-88所示,新建的表格格式即保存在其中,如图2-89所示。

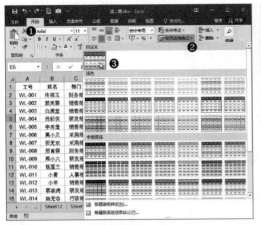
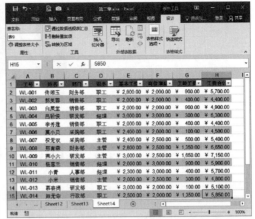

图 2-88 　　　　　　　　　　　　　　　　图 2-89

2.3.4　删除表格样式

套用表格格式后，如果用户对效果不满意，还可以清除表格样式。

选中整个数据表，打开"开始"选项卡，在"编辑"组中单击"清除"下拉按钮，在下拉列表中选择"清除格式"选项，如图 2-90 所示。数据表中所使用的格式即可被全部清除，如图 2-91 所示。

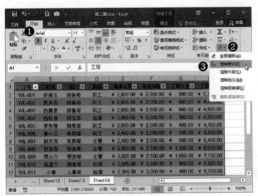
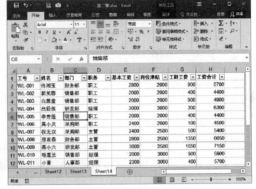

图 2-90 　　　　　　　　　　　　　　　　图 2-91

这种方法只是单纯清除所选表格的样式，并不会删除内置的以及自定义的表格样式。单击"表格工具－设计"选项卡中的"转换为区域"按钮，可将套用了样式的表格转换为普通表格。

强化练习

员工入职信息登记表的美化

本章介绍了单元格、表格的外观样式的设置操作，下面按照以下要求对"员工入职信息登记表"的外观样式进行设置。

（1）打开"员工入职信息登记表"原始文件，全选表格，将表格剪贴至B2单元格。

（2）将A列的列宽设为"1"，将首行的行高设为"9"。

（3）隐藏网格线。

（4）全选表格，将单元格高度调整为"18"。

（5）将表格中所有中文字体设为"微软雅黑"，字号为默认，将表格中所有数字字体设为"Arial"。

（6）全选表格，将对齐方式设为"居中"和"垂直居中"。

（7）全选表格，将表格的上边框和下边框的"直线"样式设为加粗，颜色设为"浅灰，背景2，深色50%"；隐藏表格竖框线；将表格横框线的"直线"样式设为默认直线，颜色设为"浅灰，背景2，深色50%"。

（8）选中所有学历为"硕士"的单元行内容，将其底色设为"绿色，个性色6，淡色80%"。

设置后最终效果如图2-92所示。

姓名	部门	性别	学历	籍贯	入职时间	手机号	部门号码
陈向辉	财务部	女	硕士	安徽	2007/9/1	150554***63	69980
宗明礼	财务部	女	大专	江西	2005/9/6	151568***27	69980
盛玉兆	财务部	女	本科	浙江	2012/6/25	137854***75	69980
蓄振华	财务部	女	本科	江苏	2011/7/1	130145***62	69980
褚凤山	财务部	女	本科	安徽	2014/6/25	132459***54	69980
尉俊杰	人力资源部	男	硕士	安徽	2006/7/2	185789***87	69981
布春光	人力资源部	男	本科	安徽	2007/4/5	150459***25	69981
齐小杰	人力资源部	男	本科	安徽	2009/5/7	150124***98	69981
李忠禾	人力资源部	女	本科	河北	2009/7/8	151123***54	69981
刘柏林	人力资源部	女	大专	河南	2013/9/5	152126***91	69981
王文天	销售部	男	本科	江西	2009/7/9	152554***65	69982
石乃千	销售部	女	本科	江西	2009/7/9	152158***51	69982
于井春	销售部	女	硕士	江西	2011/5/9	152164***78	69982

员工入职登记表

图2-92

用时统计：□□分钟

难点备注（在完成本练习时有哪些知识点还没有掌握，可自行记录并加以巩固）：

第3章 不得不学的数据分析技巧

知识导读

Excel具有强大的数据处理和分析功能，用户利用它可以对数据进行排序、筛选、合并计算等。遇到复杂的数据时，使用这些功能可以大大减少处理数据的时间，提高工作效率。

思维导图

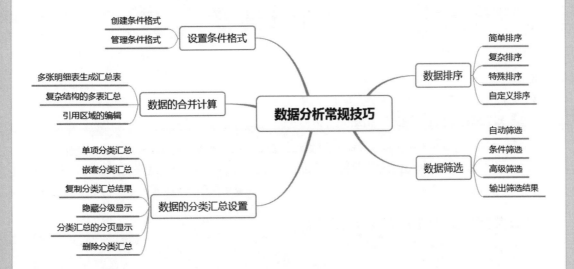

 本章教学视频数量：**12**个

3.1

数据的排序

在对数据进行处理时，排序是最基本的操作之一，对数据进行排序后，数据就不会看起来杂乱无章了。排序的方法有很多，如简单排序、复杂排序、特殊排序等。

3.1.1　简单排序

简单排序就是按照单列的数据进行升序或降序排列，操作起来既简单又快速。

步骤 01 将员工的"工资"按照"升序"进行排列。打开工作表，选中"工资"列任意单元格，单击"数据"选项卡"排序和筛选"组中的"升序"按钮，如图3-1所示。

步骤 02 可以看到"工资"列，按照从低到高的顺序进行排列，如图3-2所示。

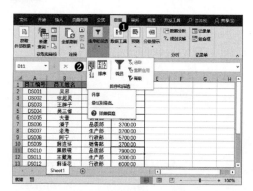

图3-1

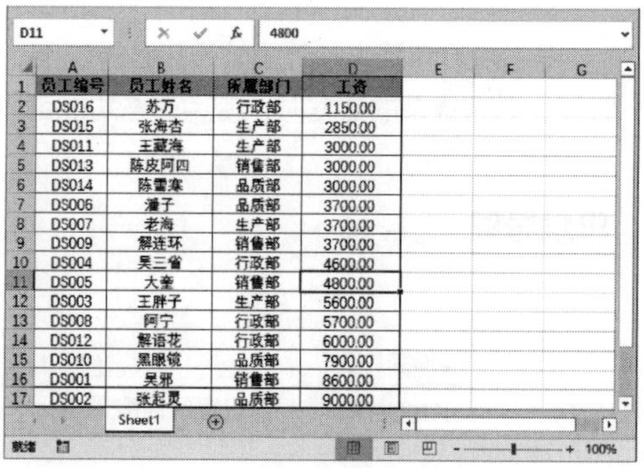

图3-2

知识延伸：其他简单排序方法

除了上面的操作方法，还可以选中D1:D17单元格区域，单击"数据"选项卡中的"升序"按钮，如图3-3所示，弹出"排序提醒"对话框，选中"扩展选定区域"单选按钮，然后单击"排序"按钮，如图3-4所示，即可将"工资"按照从低到高的顺序进行排列。

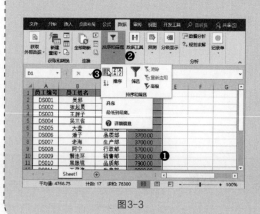

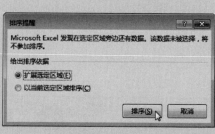

图3-3

图3-4

3.1.2 复杂排序

复杂排序是根据需要对两列或两列以上的数据进行复杂排序。

步骤01 将"所属部门"降序排序,"工资"升序排序。打开工作表,选中工作表中任意单元格,单击"数据"选项卡"排序和筛选"组中的"排序"按钮,如图3-5所示。

步骤02 打开"排序"对话框,设置"主要关键字"为"所属部门","排序依据"保持不变,设置"次序"为"降序",设置好后单击"添加条件"按钮,如图3-6所示。

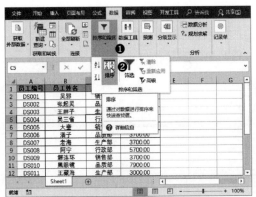

图3-5

图3-6

步骤03 设置"次要关键字"为"工资","次序"为"升序",设置完成后,单击"确定"按钮,如图3-7所示。

步骤04 返回工作表中,查看按"所属部门"降序排序,按"工资"升序排序的效果,如图3-8所示。

图3-7

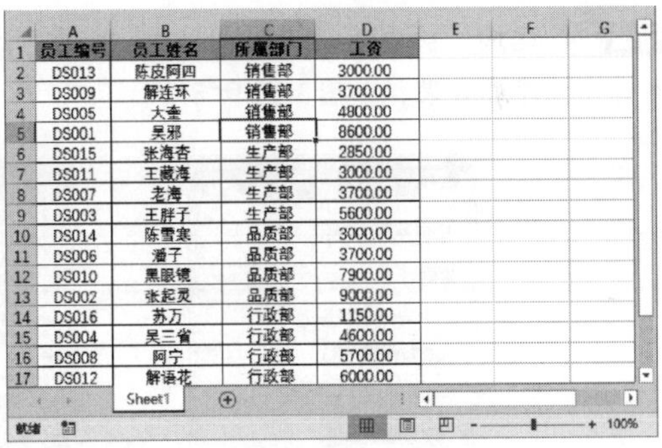

图3-8

3.1.3 特殊排序

除了上面的常规排序方法外,还可以根据需要对数据进行特殊排序,如按笔画排序、按拼音首字母排序、按行排序、按单元格颜色排序等。

(1)按笔画排序

对成绩表进行排序时,除了对总分进行升序或降序排序外,还可以对姓名按照笔画进行排序。

步骤01 将“姓名”升序排序。打开工作表，选中工作表中任意单元格，单击“数据”选项卡中的“排序”按钮，如图3-9所示。

步骤02 打开“排序”对话框，单击“主要关键字”下拉按钮，从列表中选择“姓名”，设置“次序”为“升序”，然后单击“选项”按钮，如图3-10所示。

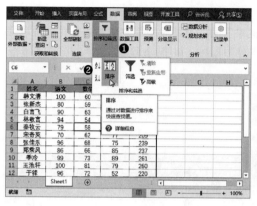

图3-9

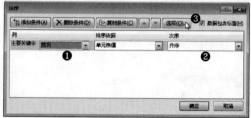

图3-10

知识延伸： 笔画排序规则

笔画排序的规则是按姓名的笔画数进行排序。“升序”即笔画数少的在前面，笔画数多的在后面，“降序”与之相反。如果笔画数相同时，按起笔来排序，一般是横、竖、撇、捺、折的顺序。同姓的时候，按姓后第一个字进行排序。

步骤03 打开“排序选项”对话框，在“方法”区域中选中“笔划排序”单选按钮，然后单击“确定”按钮，如图3-11所示。

步骤04 返回“排序”对话框，单击“确定”按钮，返回工作表中，查看将“姓名”按笔画进行升序排序的效果，如图3-12所示。

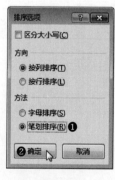

图3-11

姓名	语文	数学	英语	总分
于锋	96	72	52	220
王池轩	100	81	79	260
白言飞	90	63	120	273
朱校平	95	103	84	282
宋奇英	70	62	77	209
张伟	96	51	94	241
张佳乐	96	68	75	239
张新杰	80	59	70	209
林敬言	94	54	94	242
季冷	99	73	89	261
郑乘风	86	66	85	237
秦牧云	79	58	58	195
莫楚辰	105	67	65	237
唐昊	110	90	56	256
韩文清	100	60	90	250
曾信然	83	72	85	240

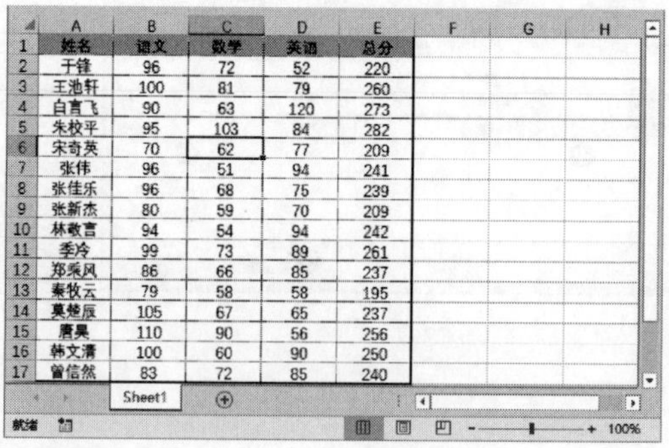

图3-12

（2）按行排序

Excel除了能按列进行排序外，实际上也可以按行进行排序。

步骤01 打开工作表，选中表格中任意单元格，单击“数据”选项卡“排序和筛选”组中的“排序”按钮，如图3-13所示。

步骤02 打开“排序”对话框，从中单击“选项”按钮，如图3-14所示。

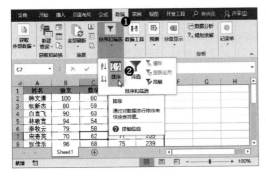

图3-13

图3-14

步骤 03 打开"排序选项"对话框，从中选中"按行排序"单选按钮，然后单击"确定"按钮，如图3-15所示。

步骤 04 返回到"排序"对话框，原来的按"列"排序已经改为按"行"排序，设置"主要关键字"为"行1"，"次序"为"升序"，然后单击"确定"按钮，如图3-16所示。

步骤 05 返回工作表中，查看按第一行进行升序排序的效果，如图3-17所示。

图3-15

图3-16

图3-17

（3）按单元格颜色排序

在工作表中，为了标识某些单元格中的数据，会为其添加底纹或改变字体颜色，因此用户可以根据单元格的颜色进行排序。

步骤 01 打开工作表，选择表格中任意单元格，单击"数据"选项卡中的"排序"按钮，如图3-18所示。

步骤 02 打开"排序"对话框，设置"主要关键字"为"等级"，单击"排序依据"下拉按钮，从列表中选择"单元格颜色"选项，如图3-19所示。

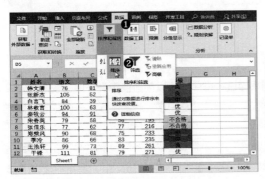

图3-18

图3-19

步骤 03 单击"次序"下拉按钮，从列表中选择"无单元格颜色"选项，如图3-20所示。

步骤 04 单击"添加条件"按钮，添加"次要关键字"，设置"次要关键字"为"等级"，"排序依据"为"单元格颜色"，单击"次序"下拉按钮，从列表中选择"绿色"，如图3-21所示。

图3-20

图3-21

步骤 05 按照同样的方法，设置其他"次要关键字"，设置完成后单击"确定"按钮，如图3-22所示。

步骤 06 返回工作表中，查看按单元格颜色进行排序的效果，如图3-23所示。

图3-22

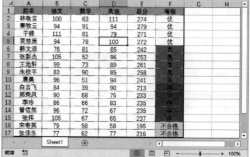

图3-23

📶 **技巧点拨：** 数字排序

如果排序的对象是数字，还可以在"排序"对话框中增加一个次要关键字，使其按升序或降序排列，如图3-24所示。

图3-24

3.1.4 自定义排序

在进行排序的时候，如果需要按照特定的类别顺序进行排序，可以创建自定义排序，按照自定义的序列进行数据的排序。例如，在成绩表中将"学校"按照"北燕中学、华清中学、开南中学、国学中学"的顺序进行排序。

步骤 01 打开工作表，选中任意单元格，单击"数据"选项卡中的"排序"按钮，如图3-25所示。

步骤 02 打开"排序"对话框，设置"主要关键字"为"学校"，"排序依据"保持不变，单击"次序"下拉按钮，从列表中选择"自定义序列"选项，如图3-26所示。

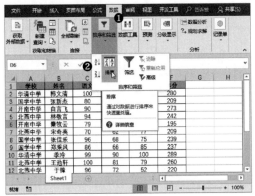

图3-25　　　　　　　　　　　　　　　　　　图3-26

步骤 03 打开"自定义序列"对话框，在"输入序列"列表框中输入自定义的序列内容，然后单击"添加"按钮，如图3-27所示。

步骤 04 这时可以看到"自定义序列"列表框中显示了输入的序列内容，单击"确定"按钮，如图3-28所示。

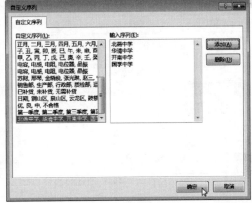

图3-27　　　　　　　　　　　　　　　　　　图3-28

步骤 05 返回"排序"对话框，可以看到"次序"的排序方式为刚刚设置的自定义序列，然后单击"确定"按钮，如图3-29所示。

步骤 06 返回工作表中，查看按照自定义序列排序的效果，如图3-30所示。

图3-29　　　　　　　　　　　　　　　　　　图3-30

3.2 数据的筛选

Excel中的筛选功能也很强大，它可以将需要的信息从复杂的数据中筛选出来，把不符合要求的数据隐藏起来。Excel提供了几种常用的筛选方法。

3.2.1 自动筛选

自动筛选就是用户可以通过添加下拉按钮的方法，筛选出符合条件的数据。例如，从"商品销售数据表"中筛选出"台式机"的有关信息。

步骤01 打开工作表，选中表中任意单元格，单击"数据"选项卡"排序和筛选"组中的"筛选"按钮，如图3-31所示。

步骤02 进入筛选模式，单击"商品"右侧下拉按钮，从列表中取消"全选"复选框的勾选，只勾选"台式机"复选框，然后单击"确定"按钮，如图3-32所示。

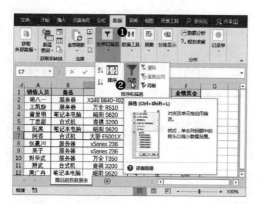

图3-31

图3-32

步骤03 返回工作表中，可以看到工作表中只保留了"台式机"商品的信息，隐藏了其他商品的数据，如图3-33所示。

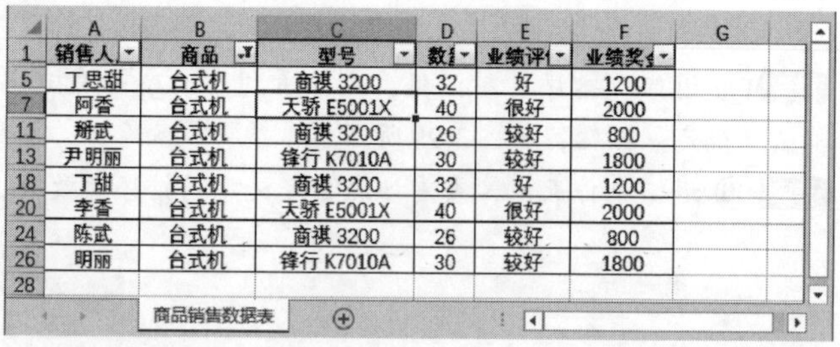

销售人	商品	型号	数	业绩评	业绩奖
丁思甜	台式机	商淇 3200	32	好	1200
阿香	台式机	天骄 E5001X	40	很好	2000
辨武	台式机	商淇 3200	26	较好	800
尹明丽	台式机	锋行 K7010A	30	较好	1800
丁甜	台式机	商淇 3200	32	好	1200
李香	台式机	天骄 E5001X	40	很好	2000
陈武	台式机	商淇 3200	26	较好	800
明丽	台式机	锋行 K7010A	30	较好	1800

图3-33

3.2.2 条件筛选

用户在进行筛选时，可以设置不同的条件来筛选出想要的信息，或者约束筛选条件，以便筛选出更精确的结果。

（1）文本筛选

在工作表中，如果要对指定形式或包含指定字符的数据进行筛选，可以通过通配符进行模糊筛选。例如，筛选出所有"陈"姓销售人员的商品销售记录。

步骤01 打开工作表，选中表中任意单元格，单击"数据"选项卡中的"筛选"按钮，如图3-34所示。

步骤02 进入筛选模式，单击"销售人员"右侧下拉按钮，从列表中选择"文本筛选—包含"选项，如图3-35所示。

图3-34　　　　　　　　　　　　　　　　图3-35

步骤03 打开"自定义自动筛选方式"对话框，在"销售人员"下拉列表中设置条件为"包含"，并在右侧文本框中输入"陈*"，单击"确定"按钮，如图3-36所示。

步骤04 返回工作表中，查看筛选出所有"陈"姓销售人员的销售记录，如图3-37所示。

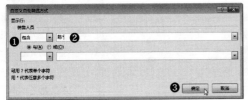

图3-36　　　　　　　　　　　　　　　　图3-37

> **知识延伸**：使用通配符筛选
>
> 在上述操作中，如果在"自定义自动筛选方式"对话框中，"包含"右侧的文本框中输入"陈?"，则只能查找出"陈武"和"陈杰"两个人的销售记录。因为通配符"?"只能代替任意的单个字符，而通配符"*"可以代替任意数目的字符。

（2）数字筛选

使用数字筛选，可以筛选出想要的数据，例如，筛选出销售数量大于"30"的销售记录。

步骤01 打开工作表，单击"筛选"按钮，进入筛选模式，单击"数量"右侧下拉按钮，从列表中选择"数字筛选>大于"选项，如图3-38所示。

步骤02 打开"自定义自动筛选方式"对话框，设置"数量"大于"30"，然后单击"确定"按钮，如图3-39所示。

图3-38

步骤 03 返回工作表中，查看筛选出销售数量大于30的销售记录，如图3-40所示。

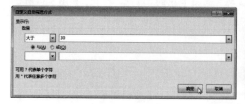

图3-39

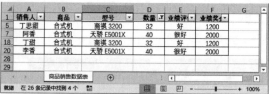

图3-40

（3）日期筛选

如果工作表中存在日期格式，用户使用日期筛选，可以筛选出想要的日期，如筛选出入职日期在"2014/1/1到2015/1/1"之间的员工收入情况。

步骤 01 打开工作表，选中工作表的首行，按住Shift+Ctrl+L组合键，进入筛选模式，单击"入职日期"右侧下拉按钮，从列表中选择"日期筛选>自定义筛选"选项，如图3-41所示。

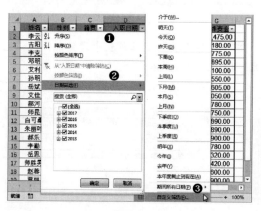

图3-41

步骤 02 打开"自定义自动筛选方式"对话框，将入职日期设置为在"2014/1/1"之后，在"2015/1/1"之前，然后单击"确定"按钮，如图3-42所示。

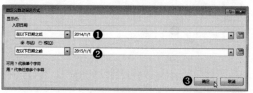

图3-42

步骤 03 返回工作表中，查看入职日期在"2014/1/1到2015/1/1"之间的员工收入情况，如图3-43所示。

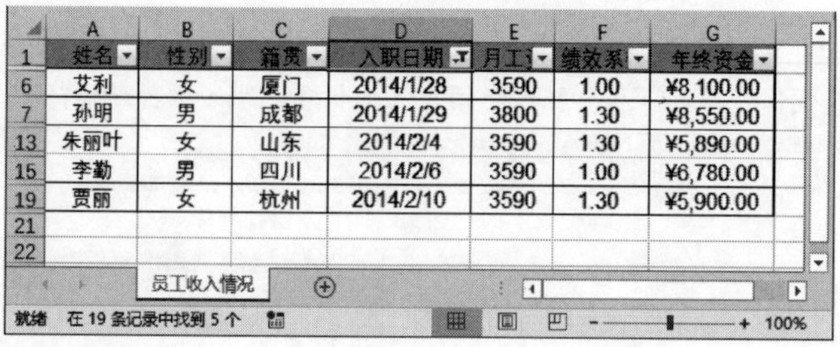

	A	B	C	D	E	F	G
1	姓名	性别	籍贯	入职日期	月工	绩效系	年终资金
6	艾利	女	厦门	2014/1/28	3590	1.00	¥8,100.00
7	孙明	男	成都	2014/1/29	3800	1.30	¥8,550.00
13	朱丽叶	女	山东	2014/2/4	3590	1.30	¥5,890.00
15	李勤	男	四川	2014/2/6	3590	1.00	¥6,780.00
19	贾丽	女	杭州	2014/2/10	3590	1.30	¥5,900.00
21							
22							

员工收入情况

就绪　在 19 条记录中找到 5 个　　100%

图3-43

（4）字体颜色筛选

用户除了按文本、日期、数字筛选数据外，还可以按照字体的颜色进行筛选，例如，筛选出字体颜色为"红色"的单元格。

步骤 01 打开工作表，进入筛选模式后，单击"年终资金"右侧下拉按钮，从列表中选择"按颜色筛选>按字体颜色筛选>红色"选项，如图3-44所示。

步骤 02 返回工作表中，查看将"红色"字体筛选出来的效果，如图3-45所示。

图3-44

图3-45

3.2.3 高级筛选

用户对工作表中的数据进行筛选时，如果内容比较多，而且筛选的条件比较复杂，可以使用高级筛选来进行筛选操作。例如，筛选出"语文>90，数学>80，英语>60"的成绩。

步骤 01 打开工作表，在工作表中创建筛选条件，然后单击"数据"选项卡中的"高级"按钮，如图3-46所示。

步骤 02 打开"高级筛选"对话框，从中设置"列表区域"和"条件区域"，然后单击"确定"按钮，如图3-47所示。

步骤 03 返回工作表中，查看筛选的结果，如图3-48所示。

图3-46

图3-47

图3-48

📶 **技巧点拨：** 高级筛选需注意

条件区域标题行下方为条件值的描述区，条件值在同一行的时候，表示各个条件之间是"与"的关系，如图3-49所示；在不同行的时候，表示各个条件之间是"或"的关系，如图3-50所示。

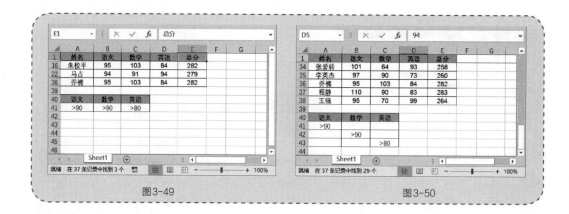

图3-49   图3-50

3.2.4 输出筛选结果

一般情况下，筛选结果直接显示在原有的单元格区域中，用户可以根据需要将其输出到指定位置。

步骤01 打开执行过筛选操作的工作表，单击"开始"选项卡"编辑"组中的"查找和选择"下拉按钮，从列表中选择"定位条件"选项，如图3-51所示。

步骤02 打开"定位条件"对话框，从中选中"可见单元格"单选按钮，然后单击"确定"按钮，如图3-52所示。

步骤03 返回工作表，按Ctrl+C组合键复制，然后切换到输出筛选结果的工作表粘贴即可，如图3-53所示。

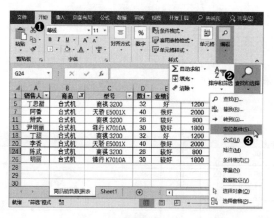

图3-51

图3-52

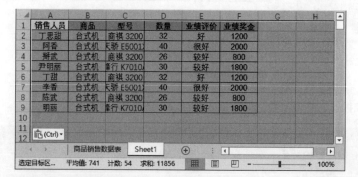

图3-53

3.3 数据的分类汇总

分类汇总是对工作表中的数据进行分析的一种方法，在日常数据管理过程中，经常需要对数据进行分类汇总，经过分类汇总，把有效的信息提炼出来。

3.3.1 单项分类汇总

单项汇总是指对某类数据进行汇总求和的操作，从而按类别来分析数据，如对"所属部门"字段进行分类汇总。

步骤01 打开工作表，选中"所属部门"列任意单元格，单击"数据"选项卡"排序和筛选"组中的"升序"按钮，如图3-54所示。

步骤02 对"所属部门"进行升序排序后，单击"分级显示"组中的"分类汇总"按钮，如图3-55所示。

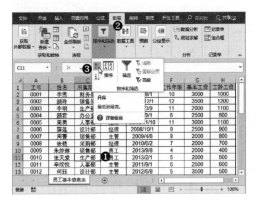

图3-54

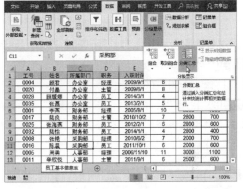

图3-55

步骤03 打开"分类汇总"对话框，设置"分类字段"为"所属部门"，"汇总方式"为"求和"，设置"选定汇总项"为"基本工资"，然后单击"确定"按钮，如图3-56所示。

步骤04 返回工作表中，可以看到已经对"所属部门"字段进行求和分类汇总，如图3-57所示。

图3-56

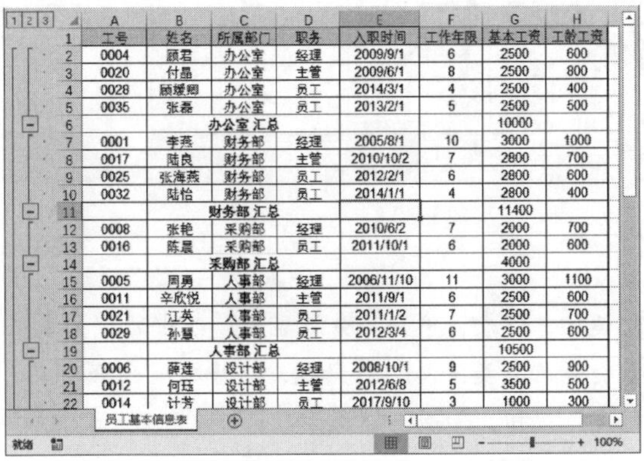

图3-57

步骤05 单击汇总行左侧展开和折叠按钮,可以显示或隐藏数据,如图3-58所示。

步骤06 单击左上角数字3,即可显示全部明细数据,如图3-59所示。

图3-58　　　　　　　　　　　　　　　图3-59

3.3.2　嵌套分类汇总

当用户处理比较复杂的数据时,使用嵌套分类汇总可以在一个分类汇总的基础上,对其他字段进行再次分类汇总。例如,对"所属部门"和"职务"字段进行分类汇总操作。

步骤01 打开工作表,选中表中任意单元格,单击"数据"选项卡"排序和筛选"组中的"排序"按钮,如图3-60所示。

步骤02 打开"排序"对话框,设置"主要关键字"为"所属部门","次序"为"升序",然后设置"次要关键字"为"职务","次序"为"升序",单击"确定"按钮,如图3-61所示。

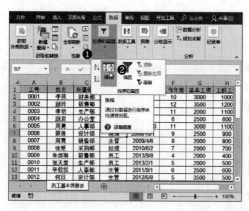

图3-60　　　　　　　　　　　　　　　图3-61

步骤03 返回工作表,单击"分级显示"组中的"分类汇总"按钮,如图3-62所示。

步骤04 打开"分类汇总"对话框,从中对"所属部门"字段进行分类汇总设置,设置完成后单击"确定"按钮,如图3-63所示。

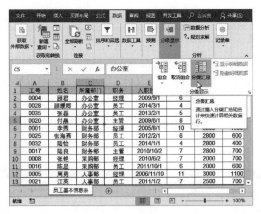

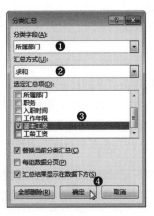

图 3-62   图 3-63

步骤 05 返回工作表，再次单击"分类汇总"按钮，如图3-64所示。

步骤 06 打开"分类汇总"对话框，对"职务"字段进行分类汇总设置，并取消"替换当前分类汇总"复选框的勾选，然后单击"确定"按钮，如图3-65所示。

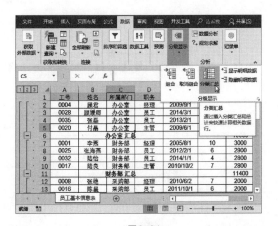

图 3-64   图 3-65

步骤 07 返回工作表中，可以看到对"所属部门"和"职务"的"基本工资"分别进行了分类汇总，如图3-66所示。

图 3-66

技巧点拨：替换当前分类汇总

在上述操作中，取消勾选"替换当前分类汇总"复选框，是在已有的分类汇总的基础上，再创建一个分类汇总。若不取消勾选"替换当前分类汇总"复选框，则汇总结果将覆盖上一次分类汇总的结果。

3.3.3 复制分类汇总结果

在执行分类汇总操作后，如果用户想要将汇总结果复制到一张新的表格中，可以采用以下方法。

步骤01 打开执行过分类汇总的工作表，单击列标题左侧的按钮2，将分类汇总的明细数据全部隐藏，然后选择整个工作表的数据区域，如图3-67所示。

步骤02 接着单击"开始"选项卡"编辑"组中的"查找和选择"下拉按钮，从列表中选择"定位条件"选项，如图3-68所示。

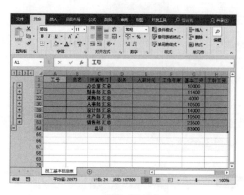

图3-67　　　　　　　　　　　　图3-68

步骤03 打开"定位条件"对话框，从中选中"可见单元格"单选按钮，然后单击"确定"按钮，如图3-69所示。

步骤04 返回工作表中，按Ctrl+C组合键进行复制，如图3-70所示。

图3-69

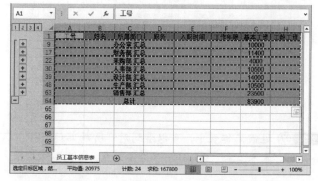

图3-70

步骤05 切换到新工作表，选择A1单元格，然后按Ctrl+V组合键进行粘贴，即可将汇总结果复制到新工作表中，如图3-71所示。

图3-71

> **技巧点拨：使用快捷键复制汇总结果**
>
> 除了上述操作可以复制分类汇总的结果外，还可以使用快捷键复制汇总结果。选中需要复制分类汇总的数据区域，按Alt+；快捷键，将只选中当前显示的单元格，然后进行复制，切换到新工作表粘贴即可。

3.3.4 隐藏分级显示

在工作表中创建分类汇总后，左侧会出现分级显示，如果用户不需要数据以分类汇总的方式显示，可以将分级显示隐藏。

步骤01 打开工作表，执行"文件>选项"命令，如图3-72所示。

步骤02 打开"Excel选项"对话框，选择"高级"选项，在右侧"此工作表的显示选项"区域中，取消勾选"如果应用了分级显示，则显示分级显示符号"复选框，如图3-73所示。

图3-72

图3-73

步骤03 单击"确定"按钮，返回工作表，可以看到分级显示符号已经被隐藏了，如图3-74所示。

	A	B	C	D	E	F	G	H	I
1	工号	姓名	所属部门	职务	入职时间	工作年限	基本工资	工龄工资	
9			办公室 汇总				10000		
17			财务部 汇总				11400		
22			采购部 汇总				4000		
30			人事部 汇总				10500		
39			设计部 汇总				14000		
41				经理 汇总			2000		
45				员工 汇总			6000		
47				主管 汇总			2500		
48			生产部 汇总				10500		
49	0002	顾玲	销售部	经理	2006/12/1	12	3500	1200	
50				经理 汇总			3500		
51	0009	朱烨琳	销售部	员工	2013/9/8	4	2000	400	
52	0013	吴亭	销售部	员工	2013/1/1	5	2000	500	
53	0015	沈家骥	销售部	员工	2013/3/2	5	2000	500	
54	0023	陈琳	销售部	员工	2014/3/6	4	2000	400	
55	0026	范娉婷	销售部	员工	2014/2/3	4	2000	400	
56	0030	金春荣	销售部	员工	2015/1/1	3	2000	300	
57	0031	徐岚	销售部	员工	2013/8/1	4	2000	400	
58	0033	陈玉贤	销售部	员工	2011/8/4	6	2000	600	

员工基本信息表

图3-74

> **技巧点拨：**其他隐藏分级显示的方法
>
> 　　除了上述操作可以隐藏分级显示外，还可以使用功能区隐藏。切换至"数据"选项卡，单击"分级显示"组中的"取消组合"下拉按钮，从列表中选择"清除分级显示"选项，即可将分级显示符号隐藏。

3.3.5　分类汇总的分页显示

　　用户在创建分类汇总时还可以让其分页显示，再进行打印操作，即可将每组数据分别打印在不同页面中。

步骤01 打开工作表，对"所属部门"进行升序排序后，单击"数据"选项卡"分级显示"组中的"分类汇总"按钮，如图3-75所示。

步骤02 打开"分类汇总"对话框，对"所属部门"字段进行设置后，勾选"每组数据分页"复选框，然后单击"确定"按钮，如图3-76所示。

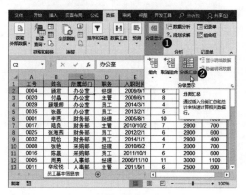

图3-75

图3-76

步骤03 返回工作表，单击"页面布局"选项卡"页面设置"组的对话框启动器按钮，如图3-77所示。

步骤04 打开"页面设置"对话框，切换至"工作表"选项卡，单击"顶端标题行"右侧的折叠按钮，返回工作表中，选中标题行，再次单击折叠按钮，返回"页面设置"对话框，然后单击"确定"按钮，如图3-78所示。

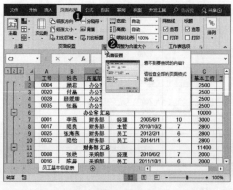

图3-77

图3-78

步骤05 返回工作表中，执行"文件>打印"命令，在右侧打印预览区中，可以看到各"所属部门"的汇总信息，分别显示在不同页面，如图3-79所示。

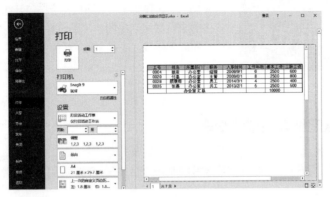

图3-79

3.3.6 删除分类汇总

如果用户不需要显示分类汇总，可以将其删除。

步骤01 打开执行分类汇总的工作表，单击"数据"选项卡"分级显示"组中的"分类汇总"按钮，如图3-80所示。

步骤02 打开"分类汇总"对话框，单击"全部删除"按钮即可，如图3-81所示。

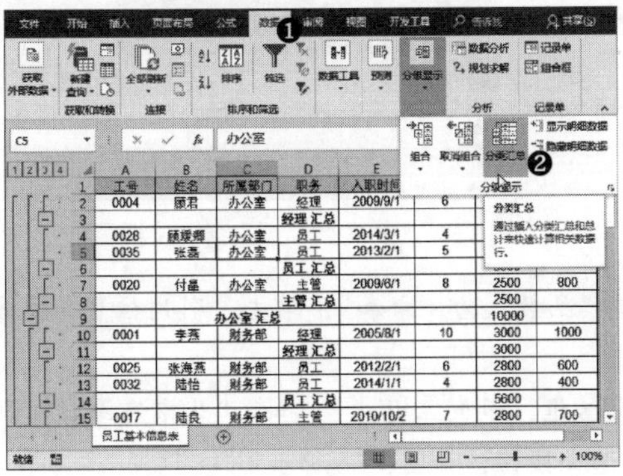

图3-80

图3-81

步骤03 返回工作表中，查看删除分类汇总后的效果，如图3-82所示。

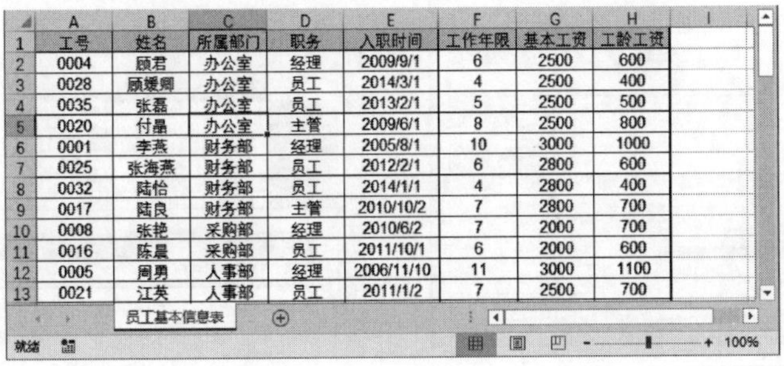

	A	B	C	D	E	F	G	H	I
1	工号	姓名	所属部门	职务	入职时间	工作年限	基本工资	工龄工资	
2	0004	顾君	办公室	经理	2009/9/1	6	2500	600	
3	0028	顾媛娜	办公室	员工	2014/3/1	4	2500	400	
4	0035	张磊	办公室	员工	2013/2/1	5	2500	500	
5	0020	付晶	办公室	主管	2009/6/1	8	2500	800	
6	0001	李燕	财务部	经理	2005/8/1	10	3000	1000	
7	0025	张海燕	财务部	员工	2012/2/1	6	2800	600	
8	0032	陆怡	财务部	员工	2014/1/1	4	2800	400	
9	0017	陆良	财务部	主管	2010/10/2	7	2800	700	
10	0008	张艳	采购部	经理	2010/6/2	7	2000	700	
11	0016	陈晨	采购部	员工	2011/10/1	6	2000	600	
12	0005	周男	人事部	经理	2006/11/10	11	3000	1100	
13	0021	江英	人事部	员工	2011/1/2	7	2500	700	

图3-82

3.4 数据的合并计算

用户在处理数据时，有时需要将多个工作表中的数据汇总到一个工作表中，这时可以使用合并计算功能来实现。其中数据区域可以是同一个工作表，也可以是同一工作簿中的不同工作表，或者不同工作簿中的表格。

3.4.1 多张明细表生成汇总表

在日常工作中，用户有时需要将不同类别的明细表合并在一起，利用合并计算功能将多张明细表生成汇总表。

步骤 01 打开工作簿，可以看到各个地区的汽车销量，然后切换到"汇总结果"工作表，选择B2:E7单元格区域，如图3-83所示。

步骤 02 切换至"数据"选项卡，单击"数据工具"组中的"合并计算"按钮，如图3-84所示。

图3-83

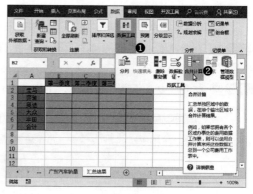

图3-84

步骤 03 打开"合并计算"对话框，设置"函数"为"求和"，单击"引用位置"文本框右侧的范围按钮，如图3-85所示。

步骤 04 弹出"合并计算—引用位置"对话框，返回工作表，选择"北京汽车销量"工作表中的B2:E7单元格区域，然后再次单击范围选择按钮，如图3-86所示。

图3-85

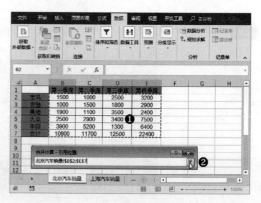

图3-86

步骤 05 返回"合并计算"对话框，单击"添加"按钮，即可将所选区域添加到"所有引用位置"列表框中，如图3-87所示。

步骤 06 按照同样的方法，将另外两个工作表中相同单元格区域添加到"所有引用位置"列表框中，然后单击"确定"按钮，如图3-88所示。

图3-87

图3-88

步骤 07 返回到"汇总结果"工作表，查看合并计算的结果，如图3-89所示。

	A	B	C	D	E	F	G	H
1		第一季度	第二季度	第三季度	第四季度			
2	宝马	14000	13100	11500	18900			
3	奔驰	8300	14600	14200	17900			
4	奥迪	18000	13200	16600	14300			
5	大众	9300	10000	10000	22100			
6	丰田	14800	13900	12600	21000			
7	合计	64400	64800	64900	94200			
8								
9								
10								
11								
12								

... 广东汽车销量 | 汇总结果 ⊕

就绪 平均值: 24025 计数: 24 求和: 576600 100%

图3-89

3.4.2 复杂结构的多表汇总

如果需要汇总的工作表中的内容和格式都不一样，可以使用以下方法进行合并汇总。

步骤 01 打开工作表，可以看到需要合并汇总的三个工作表首列关键字排序不同，如图3-90 ~ 图3-92所示。

	A	B	C	D	E
1		第一季度	第二季度	第三季度	第四季度
2	宝马	1500	1000	2500	3200
3	奔驰	1000	1500	1800	2900
4	奥迪	1900	1100	3500	2400
5	大众	2500	2900	3400	7500
6	丰田	3900	5200	1300	6400
7	合计	10800	11700	12500	22400

北京汽车销量 ... ⊕

就绪 100%

图3-90

	A	B	C	D	E
1		第一季度	第二季度	第三季度	第四季度
2	奔驰	3900	4600	2500	6800
3	宝马	2500	5600	4300	8500
4	奥迪	6500	3600	5800	7400
5	大众	5600	3600	2400	7500
6	丰田	5300	4200	5100	6800
7	合计	23800	21600	20100	37000

... 上海汽车销量 ... ⊕

就绪 100%

图3-91

	A	B	C	D	E
1		第一季度	第二季度	第三季度	第四季度
2	丰田	8600	7500	6500	8900
3	奔驰	4800	7500	8100	6500
4	奥迪	9600	8500	7300	4500
5	大众	1200	3500	4200	7100
6	宝马	5600	4500	6200	7800
7	合计	29800	31500	32300	34800

... 广东汽车销量 ... ⊕

就绪 100%

图3-92

步骤 02 切换至"汇总结果"工作表，选中A1:E7单元格区域，单击"数据"选项卡中"合并计算"按钮，如图3-93所示。

步骤 03 打开"合并计算"对话框，单击"引用位置"右侧的范围按钮，如图3-94所示。

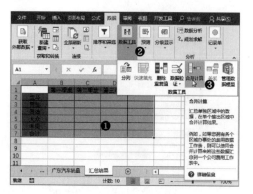
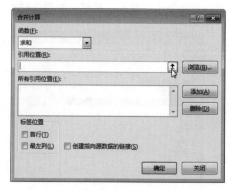

图3-93　　　　　　　　　　　　　　　　图3-94

步骤 04 返回工作表中，选择"北京汽车销量"工作表中的A1:E7单元格区域，再次单击范围按钮，如图3-95所示。

步骤 05 返回"合并计算"对话框，单击"添加"按钮，如图3-96所示。

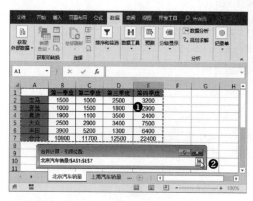

图3-95　　　　　　　　　　　　　　　　图3-96

步骤 06 按照同样的方法添加其他两个工作表中的数据区域，并勾选"首行"和"最左列"复选框，然后单击"确定"按钮，如图3-97所示。

步骤 07 返回工作表中，查看合并计算汇总的结果，如图3-98所示。

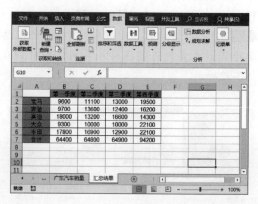

图3-97　　　　　　　　　　　　　　　　图3-98

技巧点拨：函数类型的选择

在上述操作中，在"合并计算"对话框中，设置函数类型为"最大值"，如图3-99所示，可以统计出各个汽车销量的最大值，如图3-100所示。

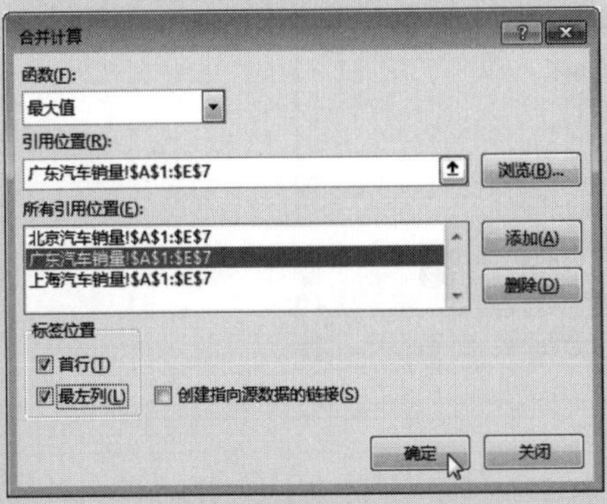

图 3-99

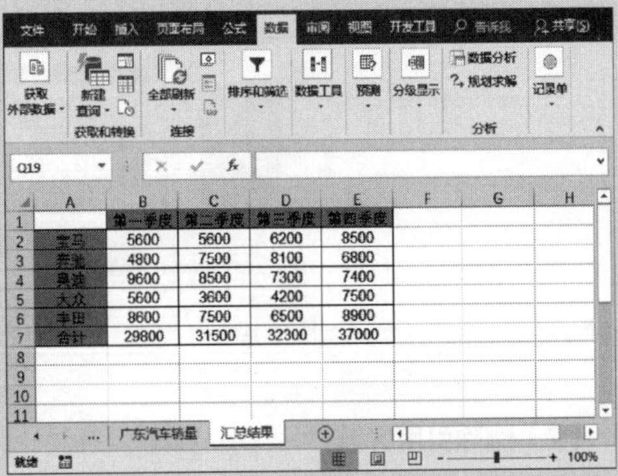

图 3-100

3.4.3　引用区域的编辑

用户对工作表中的数据进行合并计算后，还可以对引用区域进行修改引用区域、删除引用区域等编辑操作。

（1）修改引用区域

用户可以根据需要对引用区域进行修改。

步骤01　打开合并计算的工作表，单击"数据"选项卡中的"合并计算"按钮，如图3-101所示。

步骤02　打开"合并计算"对话框，选择"所有引用位置"列表框中需要修改的引用区域，单击"引用位置"后面的范围按钮，如图3-102所示。

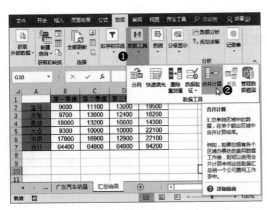

图 3-101

图 3-102

步骤03 返回工作表，重新选择引用区域，然后再次单击范围按钮，返回"合并计算"对话框，单击"确定"按钮，即可修改引用区域，如图3-103所示。

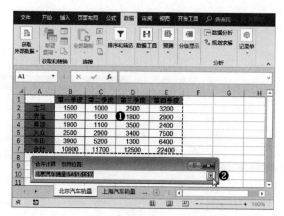

图3-103

（2）删除引用区域

如果用户不希望某个引用区域参与合并计算，可以将其删除。

打开合并计算的工作表，单击"数据"选项卡中的"合并计算"按钮，打开"合并计算"对话框，在"所有引用位置"列表框中选择需要删除的引用区域，然后单击右侧的"删除"按钮，如图3-104所示，即可将选中的引用区域删除。

图3-104

用户将某个引用区域删除后，合并计算的结果也会发生相应的改变。

3.5 条件格式

在Excel中，用户可以为工作表中的某些单元格区域设置条件，使数据能够直观地突出显示。

3.5.1 条件格式的创建

条件格式就是将单元格中符合条件的数据以特定方式突出显示出来。

（1）突出显示单元格规则

突出显示单元格规则，可以为单元格中指定的数字、文本等设置特定格式，以便突出显示。例如，突出显示语文分数大于90的单元格。

步骤 01 打开工作表，选中B2:B17单元格区域，单击"开始"选项卡"样式"组中的"条件格式"按钮，从列表中选择"突出显示单元格规则"选项，并在其级联菜单中选择"大于"选项，如图3-105所示。

图3-105

步骤 02 打开"大于"对话框，设置值为90，单击"设置为"右侧下拉按钮，从列表选择"绿填充色深绿色文本"选项，然后单击"确定"按钮，如图3-106所示。

图3-106

步骤 03 返回工作表中，可以看到符合条件的单元格以绿填充色深绿色文本的方式突出显示，如图3-107所示。

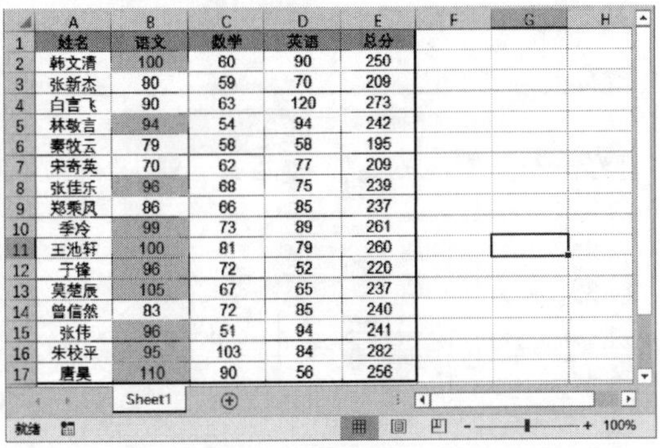

图3-107

(2) 最前/最后规则

用户设置最前/最后规则，可以为相应的单元格区域应用条件格式。例如，突出显示数学分数前3名的单元格。

步骤01 打开工作表，选中C2:C17单元格区域，单击“开始”选项卡中的“条件格式”按钮，从列表中选择“最前/最后规则”选项，在其级联菜单中选择“前10项”选项，如图3-108所示。

步骤02 打开“前10项”对话框，在数值框中输入“3”，单击“设置为”右侧下拉按钮，从列表中选择“黄填充色深黄色文本”选项，然后单击“确定”按钮，如图3-109所示。

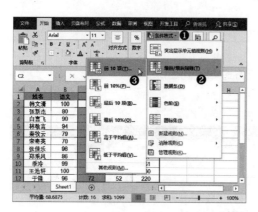

图3-108

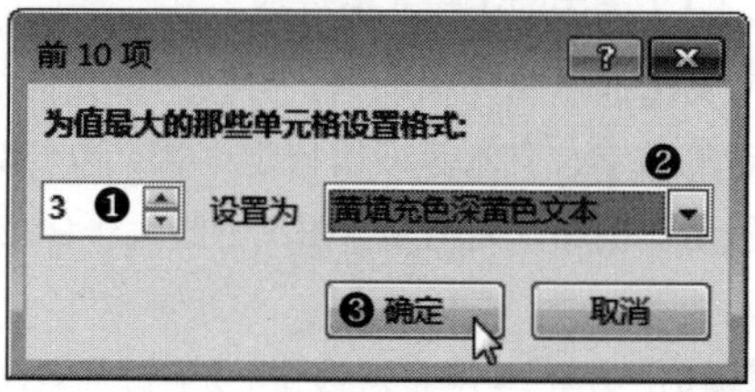

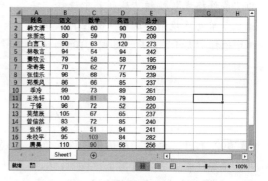

图3-109

步骤03 返回工作表中，可以看到已经标记出数学分数前3名的单元格，如图3-110所示。

	A	B	C	D	E
1	姓名	语文	数学	英语	总分
2	韩文清	100	60	90	250
3	张新杰	80	59	70	209
4	白言飞	90	63	120	273
5	林敬言	94	54	94	242
6	秦牧云	79	58	58	195
7	宋奇英	70	62	77	209
8	张佳乐	96	68	75	239
9	郑乘风	86	66	85	237
10	季冷	99	73	89	261
11	王池轩	100	81	79	260
12	于锋	96	72	52	220
13	莫楚辰	105	67	65	237
14	曾信然	83	72	85	240
15	张伟	96	51	94	241
16	朱校平	95	103	84	282
17	唐昊	110	90	56	256

图3-110

(3) 数据条功能的应用

在工作表中应用数据条，可以非常直观地显示数据的大小。

步骤01 打开工作表，选中D2:D17单元格区域，单击“开始”选项卡中的“条件格式”按钮，从列表中选择“数据条”选项，然后在其级联菜单中选择合适的样式，如图3-111所示。

步骤02 返回工作表中，可以看到应用数据条的效果，数据条越长，则数值越大，如图3-112所示。

图3-111

	A	B	C	D	E
1	姓名	语文	数学	英语	总分
2	韩文清	100	60	90	250
3	张新杰	80	59	70	209
4	白言飞	90	63	120	273
5	林敬言	94	54	94	242
6	秦牧云	79	58	58	195
7	宋奇英	70	62	77	209
8	张佳乐	96	68	75	239
9	郑乘风	86	66	85	237
10	季冷	99	73	89	261
11	王池轩	100	81	79	260
12	于锋	96	72	52	220
13	莫楚辰	105	67	65	237
14	曾信然	83	72	85	240
15	张伟	96	51	94	241
16	朱校平	95	103	84	282
17	唐昊	110	90	56	256

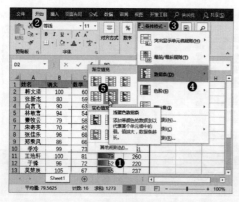

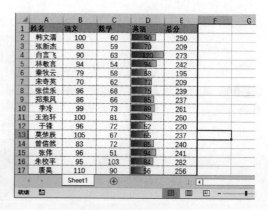

图3-112

（4）色阶功能的应用

为了能够更直观地了解整体效果，可以使用色阶功能来展示数据的整体分布情况。

步骤01 打开工作表，选中B2:D17单元格区域，单击"开始"选项卡中的"条件格式"按钮，从列表中选择"色阶"选项，然后从其级联菜单中选择合适的样式，如图3-113所示。

步骤02 返回工作表，可以看到应用色阶的效果。根据颜色分布的不同，表示不同的数据段，如图3-114所示。

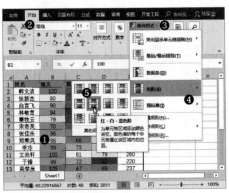

图3-113

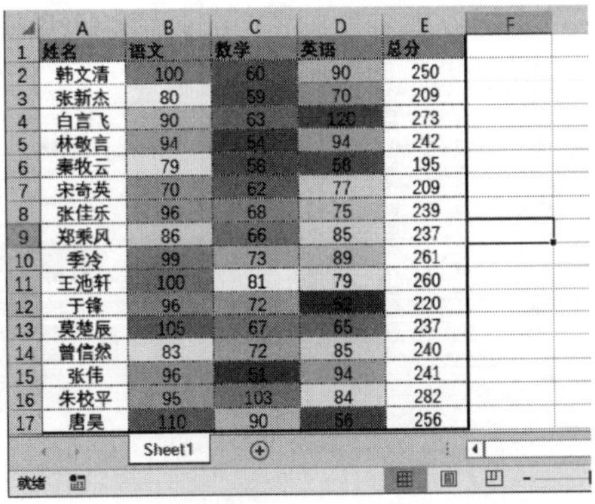

图3-114

（5）图标集功能的应用

应用图标集对数据进行等级划分，可以让浏览者直观明了地查看数据信息。

步骤01 打开工作表，选中E2:E17单元格区域，单击"开始"选项卡中的"条件格式"按钮，从列表中选择"图标集"选项，然后从其级联菜单中选择合适的样式，如图3-115所示。

步骤02 返回到工作表，可以看到应用图标集的效果。不同的数据等级，图标颜色不同，如图3-116所示。

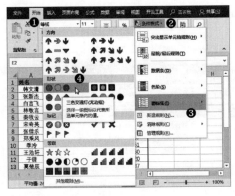

图3-115

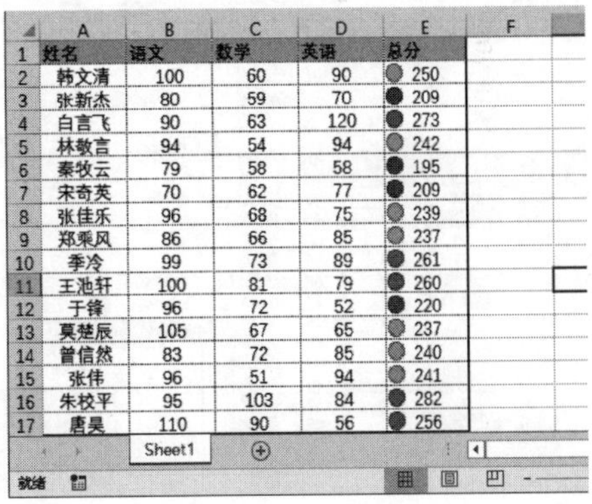

图3-116

3.5.2 条件格式的管理

在工作表中应用条件格式后，用户还可以对条件格式实施查找、删除和编辑操作。

（1）查找条件格式

用户可以使用查找功能，查找工作表中应用了条件格式的单元格区域。

步骤01 打开包含条件格式的工作表，单击"开始"选项卡"编辑"组中的"查找和选择"下拉按钮，从列表中选择"条件格式"选项，如图3-117所示。

步骤02 即可查找到应用了条件格式的单元格区域，如图3-118所示。

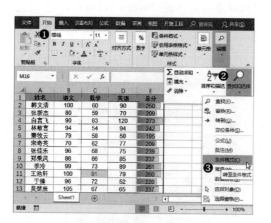

图3-117

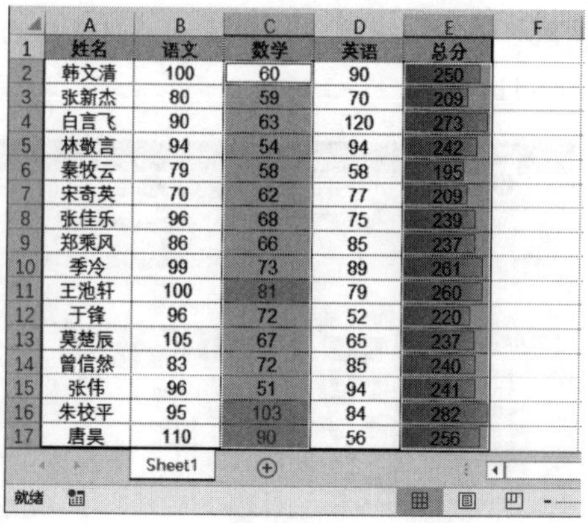

图3-118

（2）删除条件格式

用户还可以将不需要的条件格式删除。

步骤01 打开工作表，单击"开始"选项卡中的"条件格式"按钮，从列表中选择"管理规则"选项，如图3-119所示。

步骤02 打开"条件格式规则管理器"对话框，选择需要删除的条件格式，然后单击"删除规则"按钮即可，如图3-120所示。

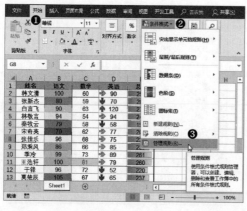

图3-119

图3-120

（3）编辑条件格式

在工作表中应用条件格式后，用户还可以对其进行编辑。

步骤01 打开工作表，单击"开始"选项卡中的"条件格式"按钮，从列表中选择"管理规则"选项，如图3-121所示。

步骤02 打开"条件格式规则管理器"对话框，从中选择需要编辑的条件格式，然后单击"编辑规则"按钮，如图3-122所示。

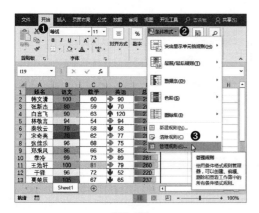

图3-121　　　　　　　　　　　　　　　　　　　图3-122

步骤 03 打开"编辑格式规则"对话框，在"选择规则类型"列表框中选择"只为包含以下内容的单元格设置格式"选项，然后在"编辑规则说明"区域中设置条件规则，单击"格式"按钮，如图3-123所示。

步骤 04 打开"设置单元格格式"对话框，在"字体"选项卡，设置字体的"字形"和"颜色"，设置好后单击"确定"按钮，如图3-124所示。

图3-123　　　　　　　　　　　　　　　　　　　图3-124

步骤 05 返回"编辑格式规则"对话框，单击两次"确定"按钮，返回工作表中，查看编辑的条件格式效果，如图3-125所示。

图3-125

对食品订单进行汇总分析

　　本章主要介绍了数据分析的常用操作。以"婴儿食品预订单"表格为例，按照以下的要求对数据进行汇总分析。

　　（1）打开"婴儿食品预订单"原始文件。将"客户名称"按照"佳园母婴坊、千禧源母婴店、乐乐家母婴生活馆、贝贝婴乐坊"的顺序进行升序排序。

　　（2）打开"分类汇总"对话框，以"客户名称"的"金额"数进行汇总。

　　（3）为每个汇总行添加底纹色。

　　（4）将"预订件数"中数据的"条件格式"设置为"色阶＞绿－黄色阶"，完成效果如图3-126所示。

	A	B	C	D	E	F
1	预订品项	客户名称	预订件数	开单价	金额	
2	海洋鱼仔饼干	佳园母婴坊	50	¥9.50	¥475.00	
3	婴儿小米米粉	佳园母婴坊	20	¥10.20	¥204.00	
4	婴宝磨牙棒	佳园母婴坊	60	¥11.50	¥690.00	
5	小力士鱼肠	佳园母婴坊	80	¥14.60	¥1,168.00	
6	三文鱼QQ鱼棒	佳园母婴坊	50	¥9.40	¥470.00	
7	嘉宝儿童手作糖果	佳园母婴坊	80	¥18.50	¥1,480.00	
8		佳园母婴坊 汇总			¥4,487.00	
9	海洋鱼仔饼干	千禧源母婴店	80	¥9.50	¥760.00	
10	婴儿小米米粉	千禧源母婴店	30	¥10.20	¥306.00	
11	婴宝磨牙棒	千禧源母婴店	45	¥11.50	¥517.50	
12	小力士鱼肠	千禧源母婴店	50	¥14.60	¥730.00	
13	嘉宝儿童手作糖果	千禧源母婴店	60	¥18.50	¥1,110.00	
14		千禧源母婴店 汇总			¥3,423.50	

婴儿食品预订单

图3-126

用时统计：□□分钟

难点备注（在完成本练习时有哪些知识点还没有掌握，可自行记录并加以巩固）：

第4章 ● 公式与函数的魅力 ●

知识导读

在Excel中进行数据处理和数据分析时常常会用到各种函数，公式和函数能够快速对复杂的数据做出计算，灵活运用公式和函数来处理工作，对提高工作效率会有很大的帮助。新版本的Excel一共包含12类内置函数，分别是财务函数、逻辑函数、文本函数、日期和时间函数、查找与引用函数、数学和三角函数、统计函数、工程函数、多维数据集函数、信息函数、兼容性函数以及Web函数。其中比较常用的函数类型有查找与引用函数、逻辑函数、文本函数、日期与时间函数及数学和三角函数等。

思维导图

- 接触公式与函数
  - 公式的构成及正确表达式
  - 常用数学运算符
  - 单元格应用原则
- 公式与函数的基础操作
  - 快速输入公式与函数
  - 编辑公式与函数
  - 函数嵌套的技巧
  - 为单元格区域命名
  - 错误分析
  - 公式审核
- 统计函数
  - 使用统计函数求平均值
  - 按要求返回指定数据
  - 统计符合条件的单元格个数
- 查找与应用函数
  - CHOOSE函数
  - MATCH函数
  - VLOOKUP函数
  - HLOOKUP函数
  - LOOKUP函数（向量形式）
  - LOOKUP函数（数组形式）
  - INDEX（引用形式）
  - INDEX（数组形式）

公式与函数的魅力

- 日期与时间函数
  - TODAY函数
  - NOW函数
  - YEAR函数
  - WEEKDAY函数
  - EDATE函数
  - NETWORKDAYS函数
  - TIME函数
  - HOUR函数
- 数学和三角函数
  - SUM函数
  - SUMIF函数
  - SUMIFS函数
  - PRODUCT函数
  - QUOTIENT函数
  - INT函数
  - ROUNDUP函数
  - TRUNC函数
  - ROUND函数
- 逻辑函数
  - IF函数
  - AND函数
  - OR函数
- 文本函数
  - LEN和LENB函数
  - CONCATENATE函数
  - FIND和FINDB函数
  - LEFT函数
  - MID函数
  - TEXT函数

 本章教学视频数量：**15** 个

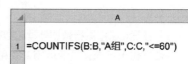

4.1 接触公式与函数

Excel公式是一种对工作表中的数据进行计算的等式，也是一种数学运算式。函数是预先编写的公式，可以对一个或多个值执行运算，并返回一个或多个值。函数不能单独使用，需要嵌入到公式中使用。

4.1.1 公式的构成及正确表达式

当用户在单元格中输入以"="开头的内容时，Excel都会默认为输入的是公式。一个完整的公式通常是由等号、函数、括号、单元格引用、常量、运算符等构成，其中常量可以是数字、文本，也可以是其他字符。如果常量不是数字就要加上引号。如图4-1所示，输入的就是一个正确的公式，这个公式中包括函数、括号、常量、单元格引用和运算符。

图4-1

4.1.2 常用数学运算符

运算符是公式中最重要的组成部分，Excel公式中的运算符一共有4种类型，分别是算数运算符、比较运算符、文本运算符和引用运算符。下面以表格的形式对不同的运算符的作用进行具体说明。

（1）算数运算符

算数运算符	名称	含义	示例
+	加号	进行加法运算	A1+B1
−	减号	进行减法运算	A1−B1
	负号	求相反数	−30
*	乘号	进行乘法运算	A1*3
/	除号	进行除法运算	A1/2
%	百分号	将值缩小100倍	50%
^	乘方	进行乘方和开方运算	2^3

（2）比较运算符

比较运算符	名称	含义	示例
=	等号	判断左右两边的数据是否相等	A1=B1
>	大于号	判断左边的数据是否大于右边的数据	A1>B1
<	小于号	判断左边的数据是否小于右边的数据	A1<B1
>=	大于等于号	判断左边的数据是否大于或等于右边的数据	A1>=B1
<=	小于等于号	判断左边的数据是否小于或等于右边的数据	A1<=B1
<>	不等于	判断左右两边的数据是否相等	A1<>B1

（3）文本运算符

文本运算符	名称	含义	示例
&	连接符号	将两个文本连接在一起形成一个连续的文本	A1&B1

（4）引用运算符

引用运算符	名称	含义	示例
:	冒号	对两个引用之间，包括两个引用在内的所有单元格进行引用	A1:C5
空格	单个空格	对两个引用相交叉的区域进行引用	（B1:B5 A3:D3）
,	逗号	将多个引用合并为一个引用	（A1:C5，D3:E7）

当公式中包含多种类型的运算符时，Excel将按一定的顺序（优先级由高到低）进行运算，相同优先级的运算符，将从左到右进行计算。若是想指定运算顺序，可用小括号括起相应部分。优先级别由高到低依次为：引用运算符 > 负号 > 百分号 > 乘方 > 乘除 > 加减 > 文本运算符 > 比较运算符。

4.1.3　单元格引用原则

Excel公式中最常见的一个组成部分就是单元格地址，也就是所谓的单元格引用。单元格引用分为三种形式，分别是相对引用、绝对引用以及混合引用。

（1）相对引用

"=A1"这种引用形式就是相对引用，A1是单元格地址，表示单元格在A列第1行。相对引用时公式与单元格的位置是相对的，相对引用的单元格会随着公式的移动自动改变引用的单元格地址，比如将单元格C1中的公式"=A1"复制到C2中，如图4-2所示，公式就自动变成"=A2"，如图4-3所示。将公式移动到单元格D1中，公式又会自动变成"=B1"，如图4-4所示。

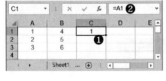

图4-2　　　　　　　　　　　图4-3　　　　　　　　　　　图4-4

（2）绝对引用

"=$A$1"这种引用形式是绝对引用。绝对引用使用"$"符号锁定了引用的单元格的行和列，如图4-5所示。不管公式移动到什么位置，如图4-6所示，公式中的绝对引用单元格都不会变化，如图4-7所示。

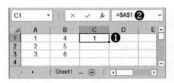

图4-5　　　　　　　　　　　图4-6　　　　　　　　　　　图4-7

（3）混合引用

"=A\$1"和"=\$A1"这两种引用形式都是混合引用，"=A\$1"是行号之前添加"\$"符号，即对行使用绝对引用，列标之前没有任何符号表示使用相对引用，如图4-8所示。当公式的位置发生变化时，对列的引用会发生变化，而对行的引用永远不变，如图4-9和图4-10所示。

  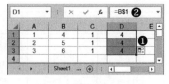

| 图4-8 | 图4-9 | 图4-10 |

如图4-11所示，"=\$A1"这种使用绝对列相对行的混合引用则与上面的这种混合引用相反，在公式移动时对列的引用不变，对行的引用会发生变化，如图4-12和图4-13所示。

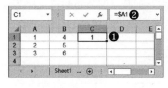  

| 图4-11 | 图4-12 | 图4-13 |

对单个单元格的引用原则同样也适用于单元格区域的引用，比如"=SUM（\$A\$1:\$B\$3）"括号中的单元格区域使用的是绝对引用。对单元格进行绝对引用和混合引用时可以使用F4键快速录入"\$"符号。选中单元格名称按一次F4键输入绝对引用，按两次F4键输入相对列绝对行，按三次F4键输入绝对列相对行，按四次F4键恢复相对引用。

（4）引用运算符的应用实例

在公式中引用单元格进行计算时最常用的运算符是"："","以及空格。

在两个单元格中间使用冒号表示将这两个单元格之间的所有单元格连接成一个区域。如图4-14所示，公式"=SUM（B2:E12）"表示用SUM函数对B2至E12之间所有单元格中的数据求和。

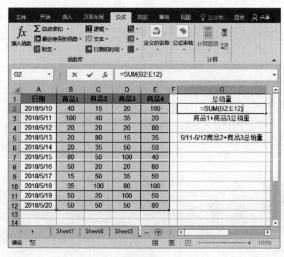

图4-14

在两个单元格或者单元格区域间使用逗号表示将逗号前后的单元格或单元格区域合并成一个引用。如图4-15所示，公式"=SUM（B2:B12，D2:D12）"用逗号将"B2:B12"和"D2:D12"这两个区域合并成一个引用，然后用SUM函数求和。

　　在两个单元格区域间使用空格运算符表示对这两个单元格区域相交叉的部分进行计算。如图4-16所示，公式"=SUM（B3:E4 C2:D12）"表示对"B3:E4"和"C2:D12"两个区域相交叉的单元格区域求和。

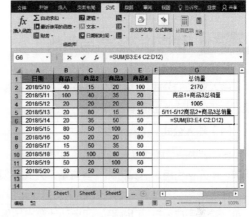

图4-15　　　　　　　　　　　　　　　　　　图4-16

4.2 公式与函数的基础操作

在使用公式和函数进行数据计算之前，用户需要了解一些基础操作，比如怎样快速输入公式和函数、公式输入完成后怎样进行修改和编辑、怎样对单元格区域进行命名，然后在公式中使用名称等。

4.2.1 快速输入公式与函数

输入复杂的公式和函数时有很多的小技巧，掌握了这些输入技巧不仅可以提高输入公式和函数的速度，还可以降低出错率。

（1）输入公式

Excel中的公式就是一种数学计算式，简单的公式可以计算加减乘除，复杂一些的公式可能包含函数、单元格引用、运算符和一些常量。公式必须以等号开头。

单纯地用公式计算一组已知数字的值时可以直接在单元格中输入"=（5+3）*10"，如图4-17所示。输入完成后按Enter键，即自动计算出结果值，如图4-18所示。

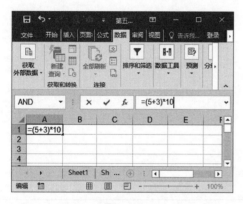

图4-17

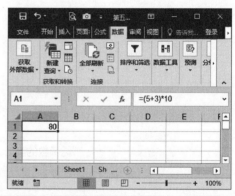

图4-18

> **技巧点拨：** 禁止切换到下方单元格
>
> 按Enter键后在计算出结果的同时，会自动切换到下一个单元格。如果用户不希望计算完成后所选单元格发生跳转，可以按Ctrl+Enter键或者直接单击编辑栏中的"输入"按钮进行计算。

当用户需要对单元格中的数据进行计算时，可以直接引用单元格名称，引用单元格名称并不需要手动输入，直接用鼠标选择也可以输入到公式中。先在单元格中输入"="然后单击需要引用的单元格，便可将单元格名称输入到公式中，如图4-19所示。手动输入运算符，继续单击需要引用的其他单元格，直到完成整个公式，如图4-20所示。

图4-19

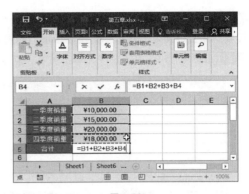

图4-20

公式输入后，按Enter键可得出结果，如图4-21所示。

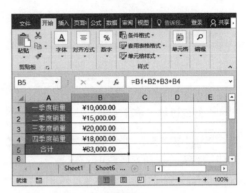

图4-21

（2）输入函数

Excel中的函数有四百多个，只要知道想用的函数的类型，就可以直接在选项卡或者对话框中将这个函数找到并插入公式中。即使是要手动输入函数，Excel也会在输入的时候提供相应提示，让手动输入变得更轻松。

① 通过选项卡输入

在输入函数之前用户要明确所需函数的类型，例如要统计商品的个数，就需要用到统计函数，用户可以通过选项卡中的"统计"函数下拉列表插入需要的函数。

步骤 01 选中单元格"E1"，打开"公式"选项卡，如图4-22所示。

步骤 02 在"函数库"组中单击"其他函数"下拉按钮，在下拉列表中选择"统计"选项，在其下级列表中选择"COUNTA"选项，如图4-23所示。

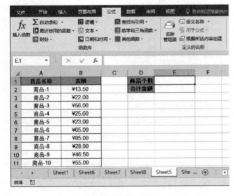

图4-22

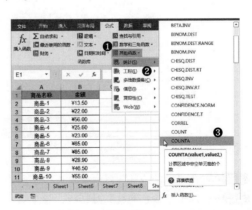

图4-23

步骤03 弹出"函数参数"对话框，在第一个参数"Value1"文本框中选取"A2:A11"单元格区域，单击"确定"按钮，关闭对话框，如图4-24所示。

步骤04 单元格E1中已经计算出了结果，在编辑栏中可以查看公式详情，如图4-25所示。

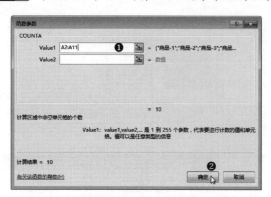

图4-24

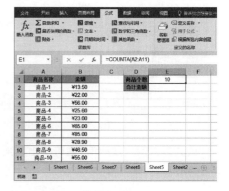

图4-25

 知识延伸：统计函数

Excel中单是用于统计单元格个数的函数就有很多个，像COUNT函数、COUNTA函数、COUNTBLANK函数、COUNTIF函数、COUNTIFS函数都是用来统计单元格个数的。如果用户还不能完全弄清楚自己需要使用哪个函数，可以将光标在函数选项上方停留2秒，这时屏幕上方就会出现该函数的参数以及使用说明，用户可以根据提示选择自己需要的函数。

② 通过对话框输入

通过"插入函数"对话框插入函数也很方便。

步骤01 选中单元格E2，打开"公式"选项卡，在"函数库"组中单击"插入函数"按钮，如图4-26所示。

步骤02 打开"插入函数"对话框，选择"数学与三角函数"选项，如图4-27所示。

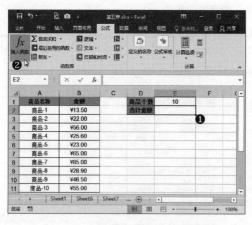

图4-26

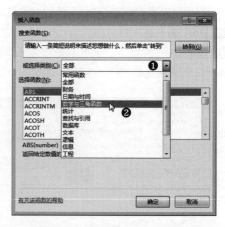

图4-27

步骤03 在"选择函数"列表框中选择求和函数"SUM"，单击"确定"按钮，如图4-28所示。

步骤04 弹出"函数参数"对话框，设置第一个参数"Number1"为"B2：B11"，单击"确定"按钮，关闭对话框，如图4-29所示。

图4-28

图4-29

返回工作表，E2单元格中显示出计算结果，编辑栏中可以查看完整的公式，如图4-30所示。

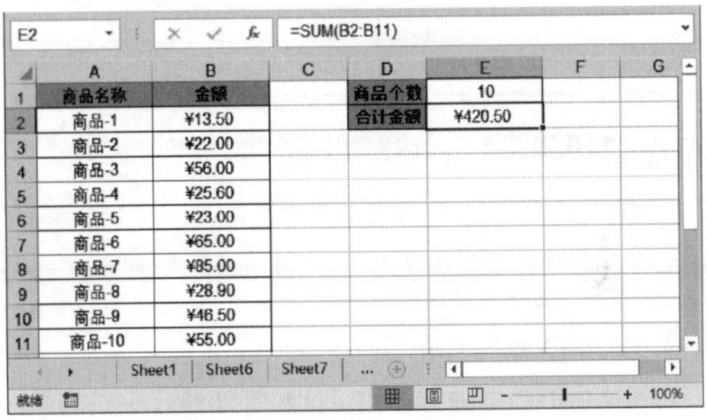

图4-30

③ 手动输入

手动输入函数的前提是知道函数的拼写方法，或者至少知道前几个字母的拼写方法，还要熟悉函数的参数。如果知道函数的拼写方法可以完全手动输入函数，如果只是知道函数的前几个字符可以参照以下方法手动输入函数。

在单元格中输入"="，当输入函数的第一个字母后单元格下方会出现输入提示列表（该列表中显示所有以所输字母开头的函数），用户可以多输入几个字母，缩小输入提示的范围，在输入提示列表中找到需要应用的函数，然后双击，如图4-31所示，即可将该函数输入到公式中。函数后面自动添加左括号，并且公式下方会显示该函数的参数设置提示，如图4-32所示。

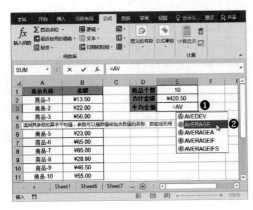

图4-31

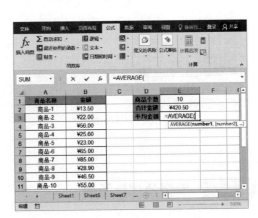

图4-32

手动输入函数参数后输入右括号，如图4-33所示，最后按Enter键计算出结果，如图4-34所示。

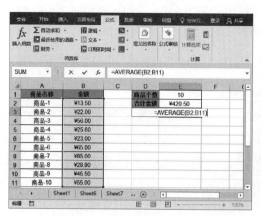

图4-33   图4-34

> **技巧点拨：** Excel自动识别函数参数的大小写
>
> 在手动输入函数时如果用户忘记输入右括号，在按Enter键后Excel会自动添加右括号。另外手动输入函数也不必区分大小写，Excel会自动将小写的函数转换成大写。

④ 自动插入常用函数

对表格中的数据进行求和、计数等计算几乎是每个Excel用户都执行过的操作。Excel对这些使用率高的计算内置了一些快捷按钮，用户通过这些按钮可以迅速插入相应的函数并自动选择函数的参数。

选择需要插入函数的单元格，打开"公式"选项卡，在"函数库"组中单击"自动求和"下拉按钮，下拉列表中共包含求和、平均值、计数、最大值和最小值5个选项，此处选择"求和"选项，如图4-35所示，所选单元格中即被插入相应的函数并根据表格结构自动选择参数。此时单元格中自动插入的就是一个完整的公式，如图4-36所示，按Enter键即可计算出结果。

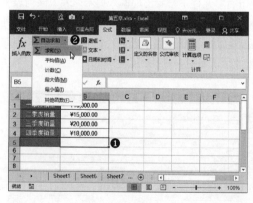   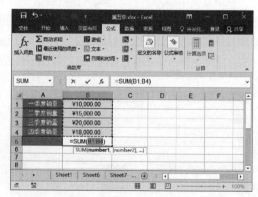

图4-35   图4-36

4.2.2 编辑公式与函数

公式和函数输入完成后可以进行一系列编辑，如修改、复制、填充、隐藏、显示等。

（1）修改公式

双击公式所在单元格，或者选中单元格后按F2键让单元格呈编辑状态，即可对单元格中的公式或函数进行修改，如图4-37所示。用户也可以在编辑栏中修改公式，将光标定位到错误的位置，删除错误的内容，重新输入正确的内容即可。

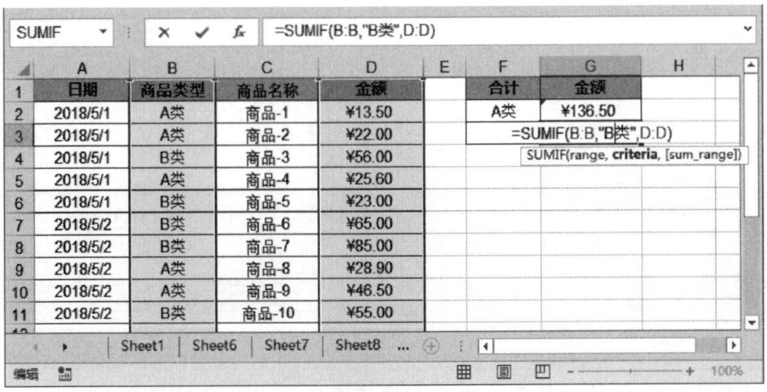

图4-37

（2）复制公式

输入公式后，如果还需要输入相同计算规律的公式可以直接复制公式。

步骤01 选中需要复制的公式所在单元格，打开"开始"选项卡，在"剪贴板"组中单击"复制"按钮。单元格周围出现滚动的绿色虚线，说明单元格已被复制，如图4-38所示。

步骤02 选中需要粘贴公式的单元格，在"剪贴板"组中单击"粘贴"下拉按钮，在下拉列表中选择"公式"选项，如图4-39所示，公式随即被粘贴到所选单元格中，公式中的单元格引用也会自动发生变化。

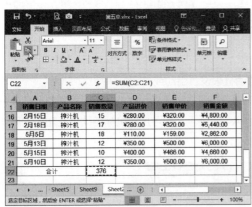

图4-38

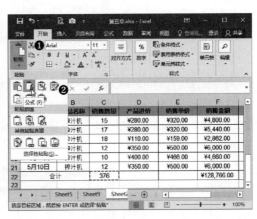

图4-39

 技巧点拨： 复制公式需注意

若想复制公式时引用的单元格或单元格区域不发生更改，可以使用绝对引用。

（3）填充公式

填充公式也是复制公式的一种形式，只是填充公式更为方便快捷。

步骤01 选中公式所在单元格，将光标放在单元格右下角，当光标变成十字形状时按住鼠标左键，如图4-40所示。向下拖动鼠标至最后一个需要填充公式的单元格，如图4-41所示。

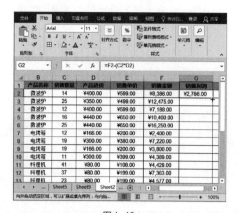

图4-40 图4-41

步骤02 松开鼠标后，拖选过的单元格中全部被填充了公式并自动计算出结果，如图4-42所示。

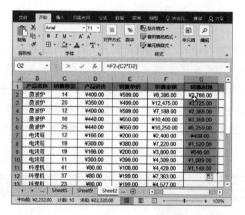

图4-42

鼠标拖动填充的功能可以通过"Excel选项"对话框去设置启动或关闭。

在"文件"菜单中选择"选项"选项，打开"Excel选项"对话框，在"高级"界面勾选或取消勾选"启动填充柄和单元格拖放功能"复选框，如图4-43所示，即可控制鼠标拖动填充功能的启动或关闭。

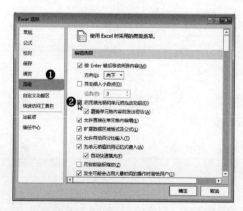

图4-43

（4）隐藏公式

在使用公式计算出结果后，只要选中公式所在单元格，即可在编辑栏中查看完整的公式，如果不想让公式在编辑栏中显示，可以通过设置将公式隐藏。

步骤01 选中需要的单元格区域，按Ctrl+1组合键，如图4-44所示，打开"设置单元格格式"对话框。

步骤02 在对话框中打开"保护"选项卡，勾选"隐藏"复选框，单击"确定"按钮关闭对话框，如图4-45所示。

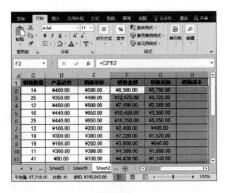

图4-44

图4-45

步骤03 返回工作表，保持选中区域不变，打开"审阅"对话框，在"更改"组中单击"保护工作表"按钮，如图4-46所示。

步骤04 弹出"保护工作表"对话框，不做任何设置，直接单击"确定"按钮，如图4-47所示。

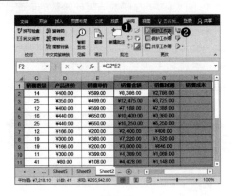

图4-46

图4-47

所选区域中的公式即可被隐藏，选中使用公式计算的单元格，编辑栏中没有任何内容显示，如图4-48所示。

在"审阅"选项卡的"更改"组中单击"撤销工作表保护"按钮可以取消公式的隐藏状态。

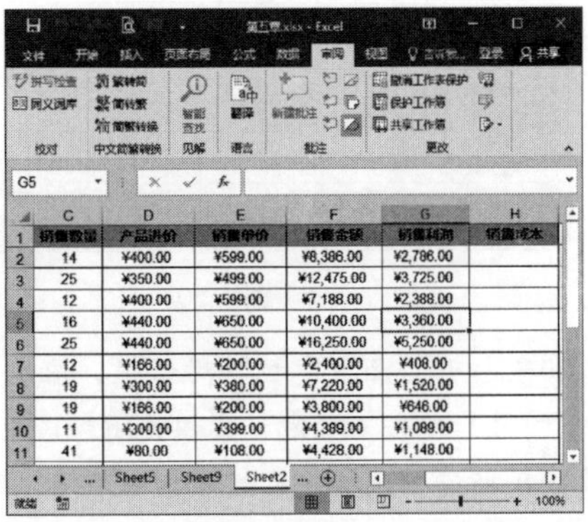

图4-48

（5）显示公式

打开"公式"选项卡，在"公式审核"组中单击"显示公式"按钮，工作表中的所有公式即可显示出来，如图4-49所示。

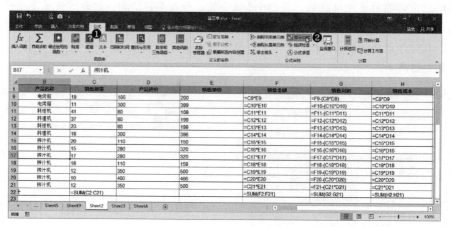

图4-49

4.2.3 函数嵌套的技巧

函数不仅可以单独使用，也可以将某个函数作为另外一个函数的参数使用，这种形式称为嵌套函数。一个函数最多可以包含七级嵌套函数，一般情况下，IF函数和AND函数与其他函数的嵌套比较常见。下面以判断面试成绩是否通过为例，简单介绍嵌套函数的应用技巧。

步骤 01 选中单元格D2，在编辑栏中单击"插入函数"按钮，如图4-50所示。

步骤 02 打开"插入函数"对话框，在"或选择类别"下拉列表中选择"逻辑"选项。在"选择函数"列表框中选择"IF"函数，单击"确定"按钮，如图4-51所示。

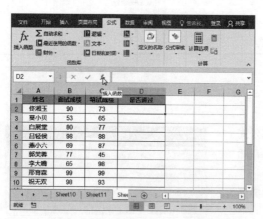

图4-50

图4-51

步骤 03 打开"函数参数"对话框，依次设置参数为"AND（B2>=80，C2>=80）""通过""未通过"，最后单击"确定"按钮关闭对话框，如图4-52所示。

步骤 04 所选单元格中已经显示出了计算结果。编辑栏中可以查看公式详情，如图4-53所示。

图4-52

图4-53

4.2.4 为单元格区域命名

对于需要反复引用的单元格区域，为了减少输入公式时的麻烦，可以为单元格区域命名。

（1）定义名称

步骤01 选中需要命名的单元格区域，打开"公式"选项卡，在"定义的名称"组中单击"定义名称"按钮，如图4-54所示。

步骤02 打开"新建名称"对话框，在"名称"文本框中输入名称，单击"确定"按钮，如图4-55所示，选中区域即可被命名。参照此方法可以继续为表格中的其他区域命名。

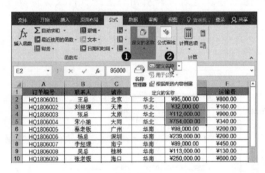

图4-54

图4-55

完成单元格区域的命名后单击单元格名称右侧下拉按钮，下拉列表中会显示出工作簿中所有区域名称，如图4-56所示。选择一个名称选项，即可快速选中以该名称命名的单元格区域，如图4-57所示。

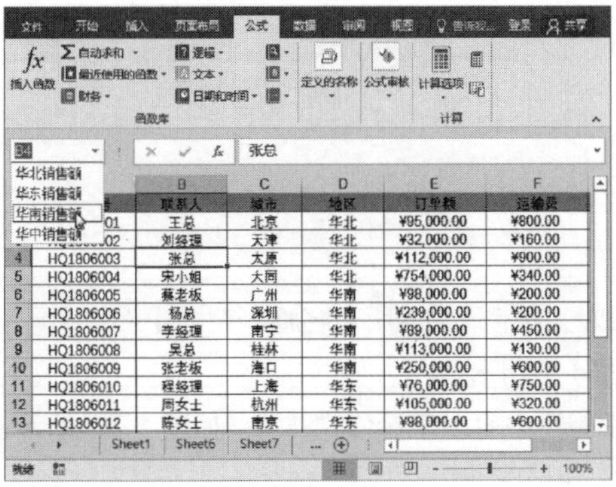

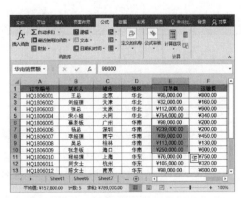

图4-56

图4-57

（2）编辑名称

定义名称后，用户可以通过名称管理器编辑名称或者删除名称。

步骤 01 打开"公式"选项卡，在"定义的名称"组中单击"名称管理器"按钮，如图4-58所示。

步骤 02 打开"名称管理器"对话框，对话框中显示工作簿中所有的单元格区域名称。选择一个名称选项，单击"编辑"按钮，如图4-59所示。

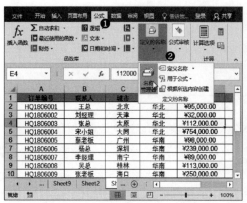

图4-58

图4-59

步骤 03 弹出"编辑名称"对话框，在该对话框中可以对名称和引用位置进行修改。修改完成后单击"确定"按钮，如图4-60所示。

步骤 04 如果要删除对指定区域的命名，在"名称管理器"对话框中选中该名称，单击"删除"按钮即可删除，如图4-61所示。

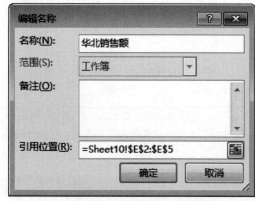

图4-60

图4-61

（3）名称的应用

定义名称后可直接将名称应用到公式中。

在公式中输入名称的第一个字，单元格下方会出现以该字开头的所有名称，如图4-62所示。双击需要使用的名称，可以将该名称输入到公式中，如图4-63所示。

公式输入完成后按Enter键即可计算出结果。在编辑栏中可以查看公式详情，如图4-64所示。

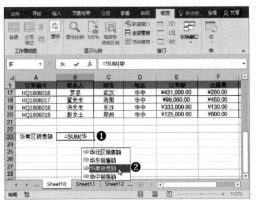

图 4-62 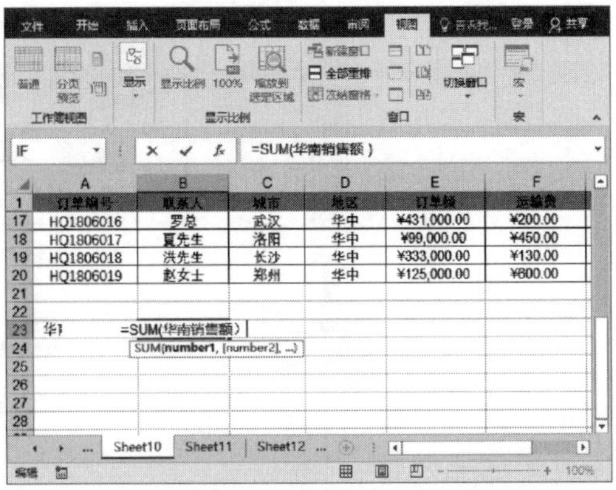   图 4-63

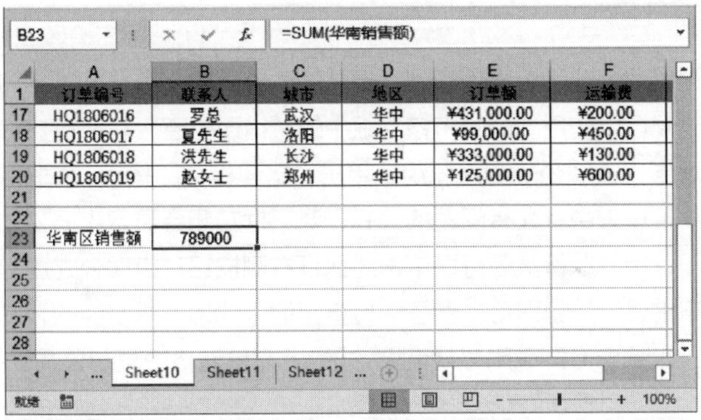

图 4-64

4.2.5 错误分析

当工作表中的公式出现错误时，单元格中显示错误代码。根据不同的错误类型可以将错误代码分为以下几种类型。

错误值	产生原因
#DIV/0	在除法公式中，除数引用了零值单元格或空单元格等
#NAME?	公式中使用了Excel无法识别的文本，例如，函数名称拼写错误，引用文本时未加双引号等
#VALUE!	参数的数据格式错误或函数中使用的变量或参数类型错误等
#REF!	公式中引用了一个无效单元格，例如公式引用的单元格被删除等
#N/A	参数中没有输入必须的数值或查找与引用函数中没有匹配检索的数据等
#NUM!	在需要数字参数的函数中使用了无法接受的参数等
#NULL!	使用了不正确的区域运算或不正确的单元格引用等

自Excel 2007版本开始，当单元格中的公式有误时单元格左上角会出现一个绿色的小三角，当选中这个包含错误公式的单元格时单元格左侧会出现一个选项按钮，单击这个按钮，在下拉列表中可以查看公式的错误原因。也可以在下拉列表中选择其他选项查看计算步骤，或对公式进行重新编辑等，如图4-65所示。

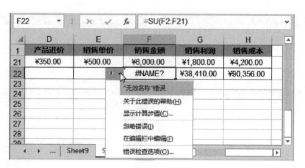

图 4-65

4.2.6 公式审核

　　以错误代码显示的错误公式可以直接辨别，但是输入公式时还有一些常见的错误是不会生成错误代码进行提示的，这时候可以使用"公式审核"组中的"错误检查"功能查找有问题的公式。

　　打开"公式"选项卡，在"公式审核"组中单击"错误检查"按钮，如图 4-66 所示。打开"错误检查"对话框，如果工作表中存在有问题的公式，对话框左侧显示错误公式所在位置、完整的错误公式以及错误的原因，用户在检查后可以单击对话框右侧按钮对错误公式进行处理。如果确认公式正确，直接单击"忽略错误"按钮即可。例子中检查出的公式确实是错误的，此处我们可以单击"从上部复制公式"按钮，如图 4-67 所示，从错误公式的上方单元格中复制公式。

图 4-66

图 4-67

　　对话框中自动显示检查到的下一个错误公式，单击"在编辑栏中编辑"按钮，如图 4-68 所示，工作表自动定位到错误公式所在单元格，用户可以直接在编辑栏中对公式进行修改，如图 4-69 所示。修改完成后单击对话框中的"继续"按钮，继续检查错误公式，如果工作表中已经没有错误公式存在，会弹出系统对话框提示"已完成对整个工作表的错误检查"，单击"确定"按钮关闭提示对话框即可。

图 4-68

图 4-69

4.3 统计函数

统计函数可以对数据进行统计分析，Excel中有几十个统计函数，每一个都有特定的作用和使用方法。除非是专业的统计人员，一般不需要将每一个统计函数的用法都掌握，一般情况下只要了解一些常用的统计函数的用法就足以帮我们解决工作中的大部分问题。

4.3.1 使用统计函数求平均值

求平均值的计算在Excel中十分常用，用户可以使用函数单纯计算一组数据的平均值，也可以根据指定条件计算平均值。

（1）AVERAGE函数和AVERAGEA函数

AVERAGE函数用于计算所有含有数值数据的单元格的平均值。

语法格式：AVERAGE（Number1，Number2，...）

参数Number1，Number2表示需要计算平均值的参数，最多可以设置255个参数。参数可以是数值，包含数值的名称、数组或者引用。参数中包含空值时会自动忽略不做计算。

图4-70和图4-71所示的是使用AVERAGE函数计算产量平均值的示例。两种参数的设置方法不同，得到的计算结果都是正确的，这与前面讲过的运算符的使用有关。

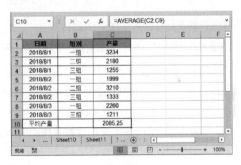

图4-70　　　　　　　　　　　　　　　　　　　图4-71

如果打开"函数参数"对话框，便可以更清楚地观察到这两种参数的设置情况，如图4-72和图4-73所示。默认情况下函数参数对话框中只显示两个参数文本框，当把光标放在"Number2"参数文本框中后，对话框中会增加"Number3"参数文本框，依次类推。

图4-72　　　　　　　　　　　　　　　　　　　图4-73

AVERAGEA函数用于计算所有非空单元格的平均值。它和AVERAGE函数的作用很相似，区别在于AVERAGE函数会忽略空值和文本类型参数，而AVERAGEA函数计算所有非空单元格。

语法格式：AVERAGEA（Value1，Value2，...）

参数Value1，Value2表示需要计算平均值的参数。当参数是字符串和FALSE时作为0计算，当参数是TRUE时作为1计算。参数可以是数值、名称、数组或引用。

AVERAGEA函数的参数设置方法和AVERAGE函数相同。下面我们用AVERAGE函数（图4-74）和AVERAGEA函数（图4-75）统计相同一组数据的平均值，用最直观的方式展示两个函数的差异。

| | 图4-74 | | 图4-75 |

结果显示，AVERAGE函数在计算时忽略了包含文本的单元格，而AVERAGEA函数将文本型参数作为数值0进行了计算。

（2）AVERAGEIF函数和AVERAGEIFS函数

AVERAGEIF函数的功能是返回某个区域内满足给定条件的所有单元格的平均值。

语法格式：AVERAGEIF（Range，Criteria，[Average_range]）

参数Range表示要计算平均值的一个或多个单元格，其中可以包含数字或数字的名称、数组或引用。Criteria表示用来定义将计算平均值的单元格，形式为数字、表达式、单元格引用或文本的条件。Average_range表示计算平均值的实际单元格组。如果省略，则使用Range。

下面用实例介绍AVERAGEIF函数的用法。

选中单元格F1，在编辑栏中单击"插入函数"按钮，如图4-76所示。打开"插入函数"对话框，选择"统计"类型"AVERAGEIF"函数，单击"确定"按钮，如图4-77所示。

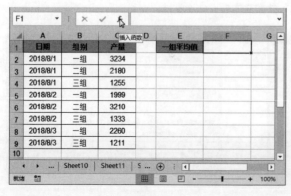

图4-76

图4-77

打开"函数参数"对话框，依次设置参数为"B2:B9""B2""C2:C9"，最后单击"确定"按钮，如图4-78所示。返回工作表，所选单元格中已经统计出了一组平均值，如图4-79所示。

图4-78

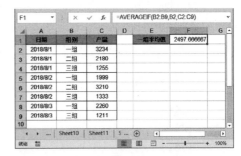

图4-79

AVERAGEIFS函数的作用是计算满足多个条件的所有单元格的平均值。

语法格式：AVERAGEIFS（Average_range，Criteria_range1，Criteria1，Criteria_range2，Criteria2，...）

参数Average_range表示要计算平均值的单元格区域；Criteria_range1、Criteria_range2表示需要从中提取条件的第一个和第二个区域；Criteria1、Criteria2表示第一个和第二个条件。

以计算一组产量大于2000的平均值为例，图4-80展示了"AVERAGEIFS"函数的参数设置详情。最终得到的计算结果，以及具体公式，如图4-81所示。

图4-80

图4-81

4.3.2 按要求返回指定数据

在对数据进行统计分析时经常会统计一组数据中的最值，比如一组数据中的最大值或最小值，或者计算指定数据在一组数据中的排位等，这些操作都可以通过统计函数中的一些指定函数来完成。

（1）MAX函数和MIN函数

① MAX函数的作用是计算一组数据中的最大值。

语法格式：MAX（Number1，Number2，...）

参数Number1，Number2，...表示需要计算最大值的参数，可以是数值、空单元格、逻辑值或文本型数值，最多可以设置255个参数。

② MIN函数用于计算一组数据中的最小值。

语法格式：MIN（Number1，Number2，...）

参数Number1，Number2，...表示需要从中查找最小值的1到255个数值。

MAX 函数的应用实例，如图4-82所示，只要在MAX函数后面的括号内选好数据区域，即可从该区域中查找到最大值。

MIN 函数的应用实例，如图4-83所示，只要在MIN函数后面的括号内选好数据区域，即可从该区域中查找到最小值。

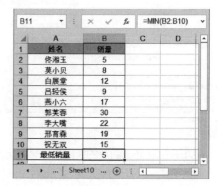

图4-82   图4-83

（2）MAXA函数和MINA函数

① MAXA函数用于计算非空单元格区域中的最大值，MAXA函数和MAX函数很相似，但又有所不同。MAXA函数将数组或引用中的文本以及逻辑值FALSE作为0处理，逻辑值TRUE作为1处理。

语法格式：MAXA（Value1，Value2，…）

参数Value1，Value2，…表示需要计算最大值的参数。

② MINA函数的作用是计算非空单元格区域中的最小值，和MIN函数相似。

语法格式：MINA（Value1，Value2，…）

参数Value1，Value2，…表示从中查找最小值的1到255个参数。参数可以是数值，包含数值的名称、数组或引用，数字的文本表示，或者引用中的逻辑值，例如TRUE和FALSE。

"MAX函数和MIN函数"与"MAXA函数和MINA函数"这两组函数的参数设置方法是相同的，此处不再列举实例，用户只要记住这两组函数的区别即可。

（3）RANK函数

RANK函数的作用是对一列数字进行排名，数字的排名相对于列表中其他值的大小。

语法格式：RANK（Number，Ref，Order）

参数Number表示要找到其排位的数字，Ref表示数字列表的数组，对数字列表的引用，Ref中的非数字值会被忽略。Order表示一个指定数字排位方式的数字。

下面用RANK函数为员工销量排名。RANK函数的参数设置详情，如图4-84所示。计算出的员工销量排名效果，如图4-85所示。

图4-84

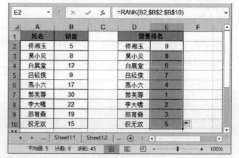

图4-85

知识延伸：RANK 函数中 Order 参数说明

RANK 函数的最后一个参数 Order 是可选参数，可以省略。当 Order 为 0 或省略时，Excel 对数字的排位将基于 Ref 参数，为按照降序排列的列表。如果 Order 不为 0，Excel 对数字的排位是基于 Ref，为按照升序排列的列表。

4.3.3 统计符合条件的单元格个数

COUNT 函数、COUNTS 函数、COUNTA 函数、COUNTBLANK 函数以及 COUNTIF 函数都是统计函数，可以按照要求统计单元格的个数。

（1）COUNT 函数

COUNT 函数可以用来统计区域中包含数字的单元格个数。

语法格式：COUNT（Value1，Value2，...）

参数 Value1，Value2，...表示包含或引用各种不同类型的数据，最多可设置 255 个参数。

以统计 A1:E5 单元格区域中包含数字的单元格个数为例，在单元格 C7 中输入公式"=COUNT（A1:E5）"，按 Enter 键后即可计算出指定区域中包含数字的单元格个数，如图 4-86 所示。

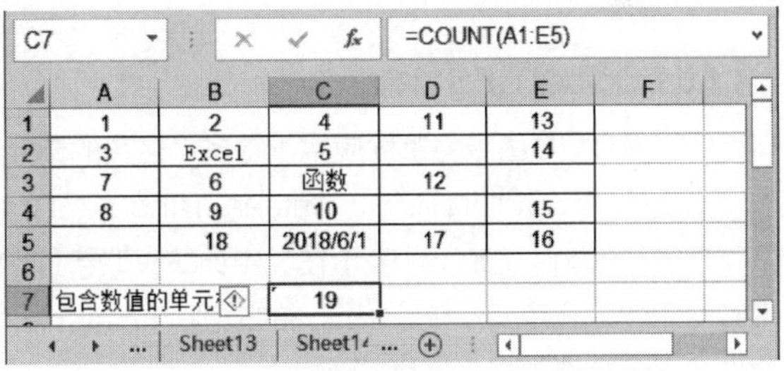

（2）COUNTA 函数

COUNTA 函数用于计算指定范围内非空单元格的个数。

语法格式：COUNTA（Value1，Value2，...）

参数 Value1，Value2，...表示需要统计的值或单元格个数，最多可包含 255 个参数。参数可以是任何类型，包括逻辑值、文本和错误值。

COUNTA 函数的具体应用示例如图 4-87 所示。

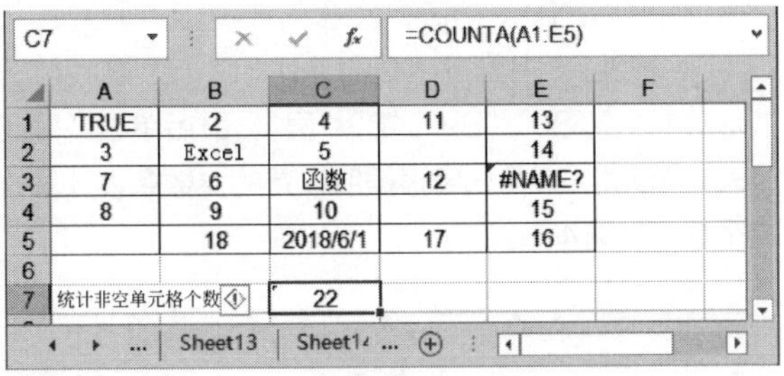

（3）COUNTBLANK 函数

COUNTBLANK 函数可以用来统计指定区域汇总空白单元格的个数。

语法格式：COUNTBLANK（Range）

参数 Range 表示需要计算其中空白单元格个数的区域。

具体应用实例如图 4-88 所示。

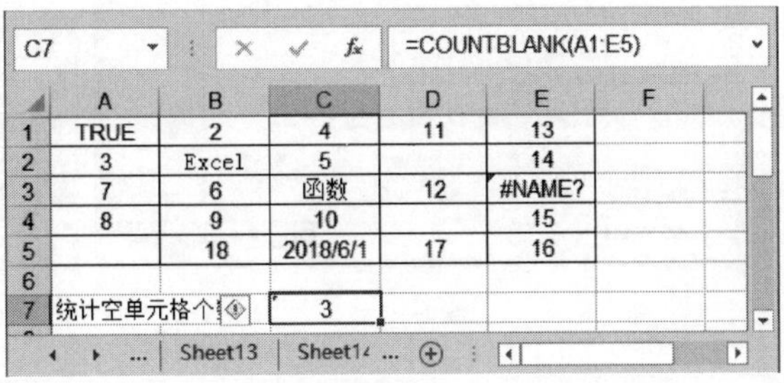

（4）COUNTIF 函数

COUNTIF 函数用于统计满足某个条件的单元格的数量。

图 4-86

图 4-87

图 4-88

语法格式：COUNTIF（Range，Criteria）

参数 Range 表示要计算其中非空单元格个数的区域。Criteria 表示以数字表达或文本形式定义的条件。

下面以统计综合成绩在 80 分以上的人数为例，介绍 COUNTIF 函数的使用方法。

步骤 01 选中单元格 D2，在"公式"选项卡中的"函数库"组中找到"统计"按钮，在"统计"下拉列表中选择"COUNTIF"函数。打开"函数参数"对话框，依次设置参数为"B2:B10"">80"，单击"确定"按钮关闭对话框，如图 4-89 所示。

步骤 02 单元格 D2 中随即统计出该单元格区域中">80"的单元格个数，如图 4-90 所示。

图 4-89

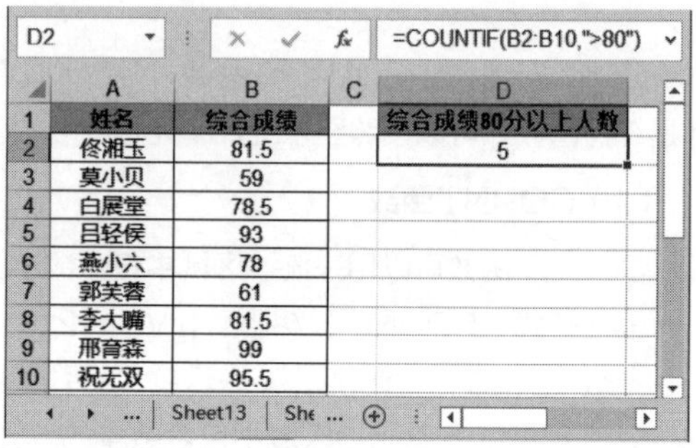

图 4-90

（5）COUNTIFS 函数

COUNTIFS 函数将条件应用于跨多个区域的单元格，然后统计满足所有条件的数量。

语法格式：COUNTIFS（Criteria_range1，Criteria1，[Criteria_range2，Criteria2]，… ）

参数 Criteria_range1 表示在其中计算关联条件的第一个区域。Criteria1 是数字、表达式或文本形式的条件，它定义了单元格统计的范围。[Criteria_range2，Criteria2] 表示附加的区域及其关联条件，最多允许 127 个区域/条件对。

以统计男生综合成绩在 80 分以上的人数为例，介绍 COUNTIFS 函数的应用。

选中单元格 E5，在"公式"选项卡"函数库"组中选择"其他函数"，在其级联菜单"统计"下拉列表中选择"COUNTIFS"函数。打开"函数参数"对话框，依次设置参数为"C2:C10"">80""B2:B10""男"，最后单击"确定"按钮关闭对话框，如图 4-91 所示。返回工作表，单元格 E5 中已经根据所设置的参数条件计算出了性别为"男"并且综合成绩">80"的单元格个数，如图 4-92 所示。

图 4-91

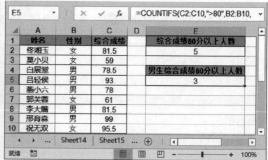

图 4-92

4.4 查找与引用函数

使用查找与引用函数可以使用各种关键字查找工作表中的值，识别单元格位置或表格的大小等。查找与引用函数根据功能的不同也可以细分为几种不同的类型。

（1）CHOOSE函数

CHOOSE函数可以根据给定的索引值从参数串中选出相应值。

语法格式：CHOOSE（Index_num，Value1，Value2，…）

参数Index_num用于指定所选定的数值参数，必须是介于1到254之间的数字，或是包含1到254之间的数字的公式或单元格引用。Value1是必需的，Value2是可选的1到254个数值参数，CHOOSE将根据Index_num从中选择一个数值或一项要执行的操作。参数可以是数字、单元格引用、定义的名称、公式、函数或文本。

CHOOSE函数的使用方法非常简单，在手动输入函数参数的时候，只需要记住第一个参数位置必须是数字，或者是引用包含数字的单元格。这个参数，直接指明公式的结果，即返回参数列表中的第几个参数值。如图4-93所示，C2单元格中的公式中的第一个参数引用A2的值，则表明公式的结果是返回参数Value1，Value2，…中的第一个值，也就是返回"元旦"。

图4-93

（2）MATCH函数

MATCH函数可以返回指定方式下与指定数值匹配的元素的相应位置。

语法格式：MATCH（Lookup_value，Lookup_array，[Match_type]）

参数Lookup_value表示要在Lookup_array中匹配的值。参数可以为值（数字、文本或逻辑值）或对数字、文本或逻辑值的单元格引用。Lookup_array表示要搜索的单元格区域。Match_type是可选函数，为数字-1、0或1。Match_type参数指定Excel如何将Lookup_value与Lookup_array中的值匹配。此参数的默认值为1。

用实例介绍MATCH函数的用法，如图4-94所示。

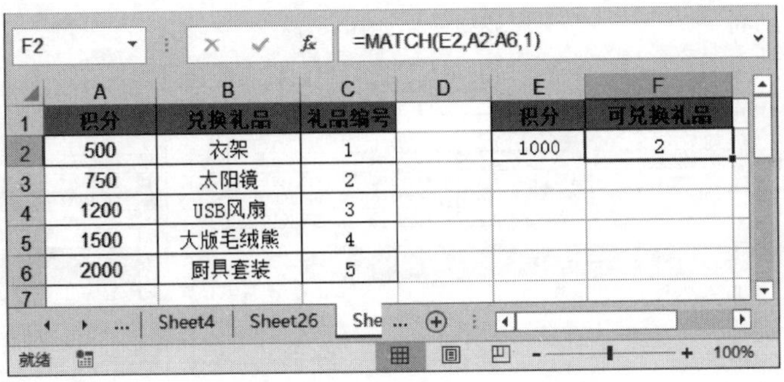

图4-94

（3）VLOOKUP函数

VLOOKUP函数可以按照指定的查找值从工作表中查找相应的数据。

语法格式：VLOOKUP（Lookup_value，Table_array，Col_index_num，Range_lookup）

参数Lookup_value表示需要在数据表首列进行搜索的值，可以是数值、引用或字符串。Table_array表示要在其中查找数据的数据表，可以引用区域或名称，数据表第一列中的数值可以是文本、数字或逻辑值。Col_index_num为Table_array中待返回的匹配值的序列号，表中首个值列的序号为1。Range_lookup为逻辑值，若要在第一列中查找大致匹配可使用TRUE或省略，若要查找精确匹配要使用FALSE或0。

下面用实例介绍以VLOOKUP函数精确查找数据的方法。

步骤01 首先建立查询表，在查询表中输入要在第一列中查询的信息。选中B21单元格，打开"公式"选项卡，在"函数库"组中单击"查找与引用"下拉按钮，在下拉列表中选择"VLOOKUP"选项，如图4-95所示。

步骤02 打开"函数参数"对话框，依次设置参数为"$A$21""$A$1:$F$17""2""FALSE"，最后单击"确定"按钮关闭对话框，如图4-96所示。

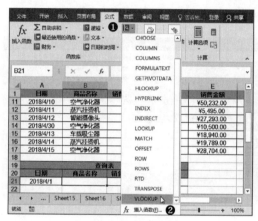

图4-95

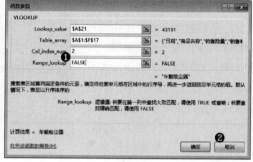

图4-96

步骤03 单元格B21中随即显示查询结果，如图4-97所示。复制公式到C21:D21单元格区域，修改公式中的第三个参数（即要查询的值所在列），查询出其他需要的信息，如图4-98所示。

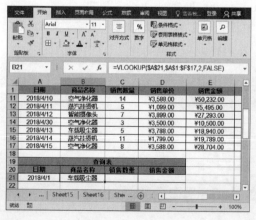

图4-97

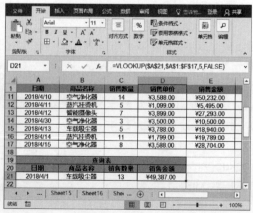

图4-98

（4）HLOOKUP函数

HLOOKUP函数可以在首行查找指定的数值并返回当前列中指定行处的数值。

语法格式：HLOOKUP（Lookup_value，Table_array，Row_index_num，Range_lookup）

参数Lookup_value表示要在表格的第一行中查找的值。Table_array表示在其中查找数据的信息表，使用对区域或区域名称的引用。Row_index_num表示Table_array中将返回的匹配值的行号。Row_index_num为1时，返回Table_array第一行中的值；Row_index_num为2时，返回Table_array第二行中的值，依此类推。Range_lookup是一个逻辑值，指定希望HLOOKUP查找的是精确匹配值还是近似匹配值。如果为TRUE或省略，则返回近似匹配值。如果为FALSE或0，则HLOOKUP将查找精确匹配值。如果找不到精确匹配值，则返回错误值#N/A。

下面以查询员工工资为例介绍HLOOKUP函数参数的设置方法。

步骤01 首先创建查询表，选中B20单元格。在"公式"选项卡的"函数库"中单击"查找与引用"下拉按钮，选择"HLOOKUP"选项，如图4-99所示。

步骤02 打开"函数参数"对话框，依次设置参数为"C1""$C$1:$F$16""13""FALSE"，单击"确定"按钮关闭对话框，如图4-100所示。

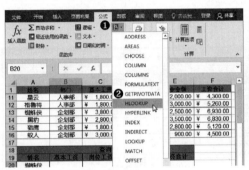

图4-99

图4-100

步骤03 单元格B20中显示出基本工资的查询结果。因为参数Lookup_value使用的是相对引用，直接向右填充公式即可得到其他工资数据，如图4-101所示。

	A	B	C	D	E	F	G
1	姓名	部门	基本工资	岗位津贴	奖金金额	工资合计	
11	星云	人事部	¥ 1,800.00	¥ 500.00	¥ 2,000.00	¥ 4,300.00	
12	格鲁特	人事部	¥ 1,800.00	¥ 460.00	¥ 3,000.00	¥ 5,260.00	
13	蜘蛛侠	企划部	¥ 3,800.00	¥ 630.00	¥ 2,500.00	¥ 6,930.00	
14	黑豹	企划部	¥ 2,800.00	¥ 530.00	¥ 3,500.00	¥ 6,830.00	
15	猎鹰	企划部	¥ 1,800.00	¥ 520.00	¥ 2,800.00	¥ 5,120.00	
16	蚁人	企划部	¥ 3,000.00	¥ 600.00	¥ 900.00	¥ 4,500.00	
17							
18			查询				
19	姓名	基本工资	岗位津贴	奖金金额	工资合计		
20	蜘蛛侠	3800	630	2500	6930		
21							
22							

图4-101

（5）LOOKUP函数（向量形式）

LOOKUP函数有两种语法形式，一种是向量，一种是数组。向量形式的LOOKUP函数表示在单行或单列中查找指定的数值，然后返回第二个单行或单列中相同位置的单元格中的数值。

语法格式：LOOKUP（Lookup_value，Lookup_vector，Result_vector）

参数Lookup_value表示LOOKUP在第一个向量中搜索的值，可以是数字、文本、逻辑值、名称或对值的引用。Lookup_vector只包含一行或一列的区域，Lookup_vector中的值可以是文本、数字或逻辑值。Result_vector表示包含一行或一列的区域，需要注意的是，其大小必须与Lookup_vector相同。

下面以根据员工编号提取员工综合考评成绩为例，介绍LOOKUP函数（向量形式）的使用方法。

步骤01 选中单元格H2，打开"公式"选项卡，在"函数库"组中单击"查找与引用"下拉按钮，在下拉列表中选择"LOOKUP"选项。弹出"选定参数"对话框，选择向量形式的参数，单击"确定"按钮，如图4-102所示。

步骤02 打开"函数参数"对话框，依次设置参数为"F2""A2:A10""D2:D10"，最后单击"确定"按钮关闭对话框，如图4-103所示。

步骤03 返回工作表，单元格H2中已经查找到相应编号对应的综合成绩，如图4-104所示。

图4-102

图4-103

图4-104

（6）LOOKUP函数（数组形式）

使用数组形式的LOOKUP函数可在数组的第一行或第一列中查找指定数值，然后返回最后一行或最后一列中相应位置处的数据，查找和返回的关系如下表所示。

条件	检查值检索的对象	检索方向	返回值
数组行数和列数相同或行数大于列数	第一列	横向	同行最后一列
数组的行数少于列数	第一行	纵向	同列最后一行

语法格式：LOOKUP（Lookup_value，Array）

参数Lookup_value表示函数LOOKUP在数组中搜索的值，参数可以是数字、文本、逻辑值、名称或对值的引用。Array包含要与Lookup_value进行比较的文本、数字或逻辑值的单元格区域。

下面以根据进货单号查询进货量为例，介绍LOOKUP（数组形式）的使用方法。

在函数库组中的"查找与引用"函数下拉列表中选择"LOOKUP"函数后，在"选定参数"对话框中选择数组形式的参数。接下来在"函数参数"对话框中依次设置参数为"G2"和"$C$2:$D$10"，如图4-105所示。返回工作表，向下填充公式，即可根据进货单号查询出对应的进货量，如图4-106所示。

图4-105

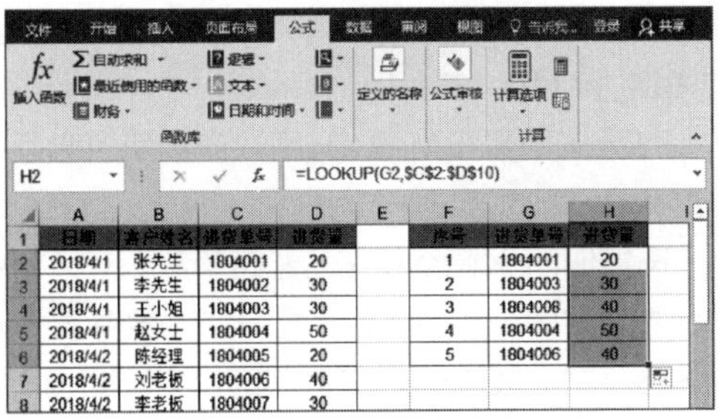

图4-106

（7）INDEX（引用形式）

除了LOOKUP函数以外，在Excel中拥有两种语法形的函数还有INDEX函数。

INDEX函数的引用形式可以返回指定的行与列交叉处的单元格引用。如果引用由不连续的选定区域组成，可以选择某一选定区域。

语法格式：INDEX（Reference，Row_num，Column_num，Area_num）

参数Reference表示对一个或多个单元格区域的引用。如果引用输入为一个不连续的区域，必须将其用括号括起来。Row_num表示引用中某行的行号，函数从该行返回一个引用。Column_num是可选函数，表示引用中某列的列标，函数从该列返回一个引用。Area_num也是可选函数，在引用中选择要从中返回Row_num和Column_num的交叉处的区域。

用户在选择INDEX函数后会弹出"选定参数"对话框。在对话框中选择引用形式参数，如图4-107所示。随后在"函数参数"对话框中依次设置参数为"A1:C8""6""3"，如图4-108所示。工作表中所选单元格内的公式即可在"A1:C8"区域内查找第6行第3列的内容，并作为最终值返回，如图4-109所示。

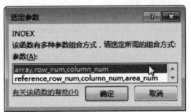

图4-107

图4-108

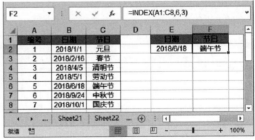

图4-109

（8）INDEX（数组形式）

INDEX函数的数组形式的作用是返回表格或数组中的元素值，此元素由行号和列号的索引值给定。当函数INDEX的第一个参数为数组常量时，使用数组形式。

语法格式：INDEX（Array，Row_num，Column_num）

参数Array表示单元格区域或数组常量。如果数组有多行和多列，但只使用Row_num或Column_num，函数INDEX返回数组中的整行或整列，且返回值也为数组。Row_num表示选择数组中的某行，函数从该行返回数值。如果省略Row_num，则必须有Column_num。Column_ num是可选函数，表示选择数组中的某列，函数从该列返回数值。如果省略Column_num，则必须有Row_num。

INDEX函数和MATCH函数嵌套使用时可以根据指定数据查找对应的内容。

选择INDEX函数后在"选定参数"对话框中选择数组形式参数，如图4-110所示，打开"函数参数"对话框，依次设置参数为"C1:C8""MATCH（E3,B1:B8,0）"，忽略后两个参数，如图4-111所示，其中"MATCH（E3,B1:B8,0）"是作为一个参数使用。单元格中的公式最终查找到"2018/10/1"对应的节日，如图4-112所示。

图4-110

图4-111

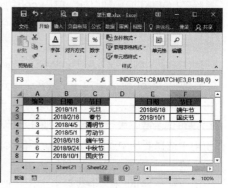

图4-112

4.5 日期与时间函数

Excel函数中的日期与时间函数可以对工作表中的日期和时间进行计算和管理。

（1）TODAY函数

TODAY函数的作用是返回当前系统日期。该函数没有参数，如果用户试图为该函数设置参数，那么在返回结果的时候系统会弹出提示对话框，提醒公式有误。

在单元格中输入"=TODAY（ ）"，回车后单元格即可显示系统当前日期，如图4-113所示。用户可以使用TODAY函数计算当前日期之前或之后指定天数的日期，如图4-114所示。

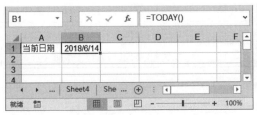

图4-113

图4-114

（2）NOW函数

NOW函数可以返回日期时间格式的当前日期和时间。该函数语法没有参数，使用时直接在单元格中输入"=NOW（ ）"，回车后即可返回系统当前日期和时间，如图4-115所示。

图4-115

（3）YEAR函数

YEAR函数可以返回日期序号对应的年份。

语法格式：YEAR（Serial_number）

参数Serial_number表示要查找的年份的日期。

YEAR函数从不同的日期格式和日期代码中提取年份，如图4-116所示。但是YEAR函数只能提取1900至9999年之间的年份，如果参数的年份不在1900至9999年之间，则会返回错误值。

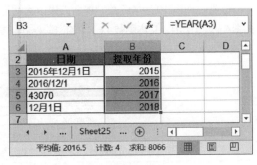

图4-116

除了使用函数提取一个日期中的年份外，还可以使用其他函数提取日期中的月份和日。MONTH函数可以提取一个日期中的月份。DAY函数可以提取一个日期中的日。MONTH函数和DAY函数的参数设置方法和YEAR函数相似，此处不再做详细介绍。

（4）WEEKDAY 函数

WEEKDAY函数可以返回日期序列号对应的星期几。

语法格式：WEEKDAY（Serial_number，Return_type）

参数Serial_number是一个序列号，代表尝试查找的那一天的日期。Return_type是可选函数，用于确定返回值类型的数字。

参数Return_type的设置值和返回值见下表。

参数值	返回的数字	参数值	返回的数字
1或省略	数字1（星期日）到7（星期六）	13	数字1（星期三）到数字7（星期二）
2	数字1（星期一）到7（星期日）	14	数字1（星期四）到数字7（星期三）
3	数字0（星期一）到6（星期日）	15	数字1（星期五）到数字7（星期四）
11	数字1（星期一）到7（星期日）	16	数字1（星期六）到数字7（星期五）
12	数字1（星期二）到数字7（星期一）	17	数字1（星期日）到7（星期六）

中国人习惯将星期一看作是一周的第一天，星期日看作是一周的最后一天即第七天，所以，用户在使用WEEKDAY函数提取日期是星期几时，通常是将第二个参数设置成"2"，如图4-117所示，即按星期一返回数值1、星期二返回数值2……星期日返回数值7的顺序进行返回。在对话框中设置函数参数时可以参照上面的表格设置Return_type。在手动输入公式的时候，当输入到第二位参数时公式下方会自动出现一个提示列表，如图4-118所示，用户也可以参照这个列表根据实际需要输入第二位参数。

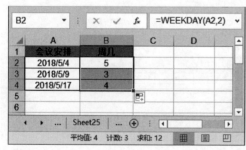

图4-117

图4-118

想要让WEEKDAY函数的提取结果以大写形式显示，可以使用文本函数TEXT与之嵌套使用，如图4-119所示。文本函数TEXT的语法格式和参数设置会在下文中进行详细介绍。

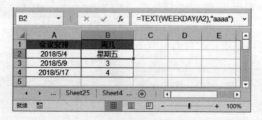

图4-119

（5）EDATE函数

EDATE函数可以计算指定月数之前或之后的日期。

语法格式：EDATE（Start_date，Months）

参数Start_date是代表开始日期的日期。Months是start_date之前或之后的月份数。

下面以计算预计完工日期为例，介绍EDATE函数的使用方法。

在单元格D2中输入公式“=EDATE（B2,C2）”，如图4-120所示，表示计算“2017/8/15”之后11个月的日期。公式输入完成后按Enter键即可计算出相应日期。向下填充日期，计算出所有项目的预计完工日期，如图4-121所示。

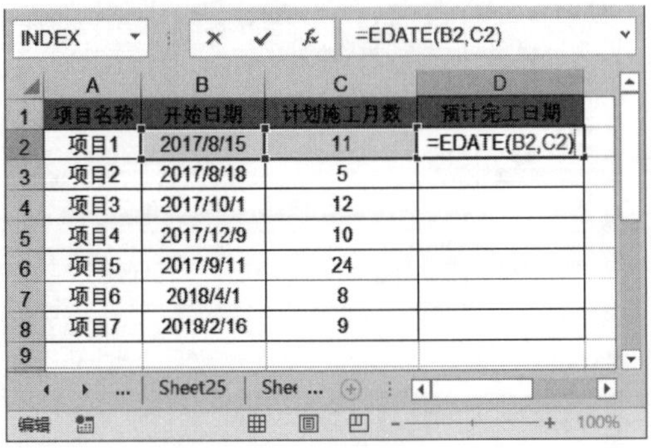

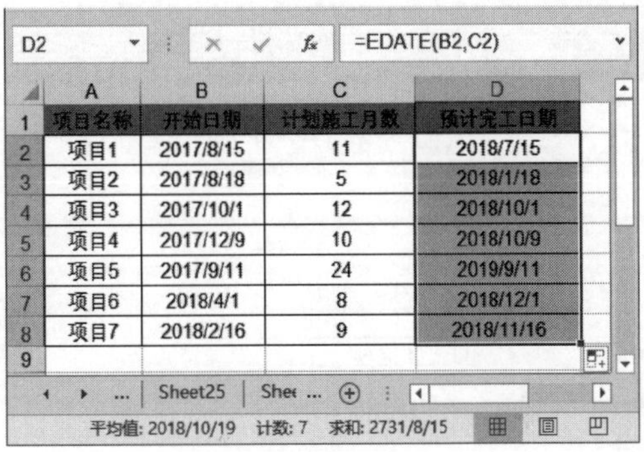

=EDATE(B2,C2)

项目名称	开始日期	计划施工月数	预计完工日期
项目1	2017/8/15	11	=EDATE(B2,C2)
项目2	2017/8/18	5	
项目3	2017/10/1	12	
项目4	2017/12/9	10	
项目5	2017/9/11	24	
项目6	2018/4/1	8	
项目7	2018/2/16	9	

图4-120

=EDATE(B2,C2)

项目名称	开始日期	计划施工月数	预计完工日期
项目1	2017/8/15	11	2018/7/15
项目2	2017/8/18	5	2018/1/18
项目3	2017/10/1	12	2018/10/1
项目4	2017/12/9	10	2018/10/9
项目5	2017/9/11	24	2019/9/11
项目6	2018/4/1	8	2018/12/1
项目7	2018/2/16	9	2018/11/16

平均值: 2018/10/19　计数: 7　求和: 2731/8/15

图4-121

如果需要计算指定月数之前的某个日期，需要在第二个参数之前加负号“-”。例如，要计算“2018/10/1”之前5个月的日期，公式可以编写为“=EDATE（"2018/10/1"，-5）”，其返回结果是“2018/5/1”。

（6）NETWORKDAYS函数

NETWORKDAYS函数用于计算两个日期间的工作日天数。

语法格式：NETWORKDAYS（Start_date，End_date，Holidays）

参数Start_date代表开始的日期。End_date代表终止的日期。Holidays是可选函数，不在工作日历中的一个或多个日期所构成的可选区域。

下面以计算生产天数为例，介绍NETWORKDAYS函数的使用方法。

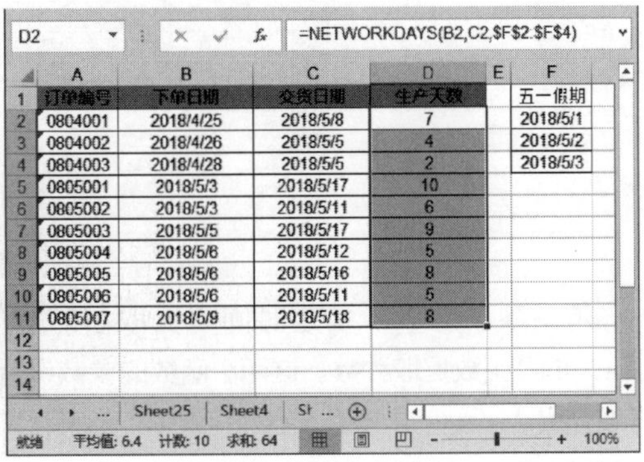

如果两个日期之间没有假期或特殊情况等需要减去的日期，NETWORKDAYS函数的第三个参数可以忽略，如图4-122所示。如果有需要减去的日期则需要设置第三个参数，如图4-123所示。

=NETWORKDAYS(B2,C2)

订单编号	下单日期	交货日期	生产天数
0804001	2018/4/25	2018/5/8	10
0804002	2018/4/26	2018/5/5	7
0804003	2018/4/28	2018/5/5	5
0805001	2018/5/3	2018/5/17	11
0805002	2018/5/3	2018/5/11	7
0805003	2018/5/5	2018/5/17	9
0805004	2018/5/6	2018/5/12	5
0805005	2018/5/6	2018/5/16	8
0805006	2018/5/6	2018/5/11	5
0805007	2018/5/9	2018/5/18	8

平均值: 7.5　计数: 10　求和: 75

图4-122

=NETWORKDAYS(B2,C2,$F$2:$F$4)

订单编号	下单日期	交货日期	生产天数		五一假期
0804001	2018/4/25	2018/5/8	7		2018/5/1
0804002	2018/4/26	2018/5/5	4		2018/5/2
0804003	2018/4/28	2018/5/5	2		2018/5/3
0805001	2018/5/3	2018/5/17	10		
0805002	2018/5/3	2018/5/11	6		
0805003	2018/5/5	2018/5/17	9		
0805004	2018/5/6	2018/5/12	5		
0805005	2018/5/6	2018/5/16	8		
0805006	2018/5/6	2018/5/11	5		
0805007	2018/5/9	2018/5/18	8		

平均值: 6.4　计数: 10　求和: 64

图4-123

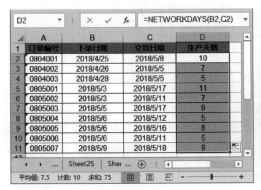

（7）TIME函数

TIME函数的作用是返回特定时间的小数值。

语法格式：TIME（Hour，Minute，Second）

参数Hour是介于0到23之间的数字，代表小时。Minute是介于0到59之间的数字，代表分钟。Second是介于0到59之间的数字，代表秒。

例如，在单元格中输入公式"=TIME（3，12，49）"，按Enter键后即可得到对应的时间"3:12 AM"，如图4-124所示。用户可以通过"设置单元格格式"对话框修改时间格式，如图4-125所示。

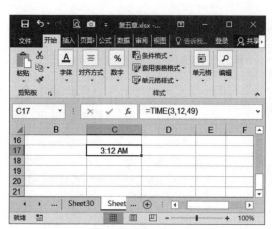

图4-124　　　　　　　　　　　　　　　　　　　图4-125

用户可以利用TIME函数计算未来的某个时间，比如计算2个半小时后的时间，其计算公式为"=NOW（）+TIME（2，30，0）"。

（8）HOUR函数

HOUR函数可以返回时间值的小时数。

语法格式：HOUR（Serial_number）

参数Serial_number表示包含要查找小时数的时间值。时间值有多种输入方式，比如带引号的文本字符串、十进制数或其他公式和函数的结果。

举例说明应用HOUR函数从指定时间中提取小时数的方法，如图4-126所示。

图4-126

用户除了可以从指定时间中提取小时数，还可以使用MINUTE函数提取分钟数，使用SECOND函数提取秒数。这两个函数的参数设置方法和使用方法与HOUR函数相似，此处不再做详细介绍。

4.6 数学和三角函数

在对表格中的数据进行计算时通常都会用到数学和三角函数，像求和、计数、求平均值、四舍五入等。

（1）SUM函数

SUM函数可以将单个值、单元格引用或是区域相加，也可以将三者的组合相加。

语法格式：SUM（Number1，Number2，...）

参数Number1，Number2表示待求和的值，最多可以设置255个参数。

SUM函数的使用率比较高，Excel本身就内置了求和的快捷键，前面的内容中已经做了介绍，此处不再赘述。

SUM函数不仅可以用来计算一个区域中的数据总和，如图4-127所示，还可以计算不相邻区域中的数据总和，如图4-128所示。

图4-127

图4-128

（2）SUMIF函数

SUMIF函数可以对指定范围中符合指定条件的值求和。

语法格式：SUMIF（Range，Criteria，Sum_range）

参数Range表示根据条件进行计算的单元格区域。Criteria用于确定单元格求和的条件，其形式可以为数字、表达式、单元格引用、文本或函数。Sum_range是可选参数，表示要求和的实际单元格，如果省略Sum_range参数，Excel会对在Range参数中指定的单元格（即应用条件的单元格）求和。

以计算各部门工资合计为例，介绍SUMIF函数的使用方法。

在单元格I3中输入公式"=SUMIF（\$B\$2:\$B\$16，H3，\$F\$2:\$F\$16）"，回车后计算出财务部的工资合计，随后向下填充公式计算出其他部门的工资合计，如图4-129所示。

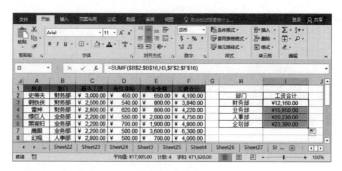

图 4-129

SUMIF 函数还可以进行比较运算，如图 4-130 所示，计算工资合计大于等于 5000 元的工资总和，其计算公式为"=SUMIF（F2:F16,"">=5000""）"。

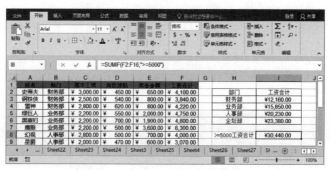

图 4-130

（3）SUMIFS 函数

SUMIFS 函数用于计算满足多个条件的全部参数的总和。

语法格式：SUMIFS（Sum_range，Criteria_range1，Criteria1，[Criteria_range2，Criteria2]，…）

参数 Sum_range 表示要求和的单元格区域。Criteria_range1 表示要为特定条件计算的第一个单元格区域。Criteria1 是数字、表达式或文本形式的条件。Criteria_range2 表示要为特定条件计算的第二个单元格区域。Criteria2 是第二个条件。

下面用 SUMIFS 函数计算不同销售组销售某商品的总金额。

在单元格 J2 中输入公式"=SUMIFS（$F$2:$F$21，$B$2:$B$21，H2，$C$2:$C$21，I2）"，按 Enter 键后即可计算出相应总金额。向下填充公式，计算其他组的商品销售金额，如图 4-131 所示。

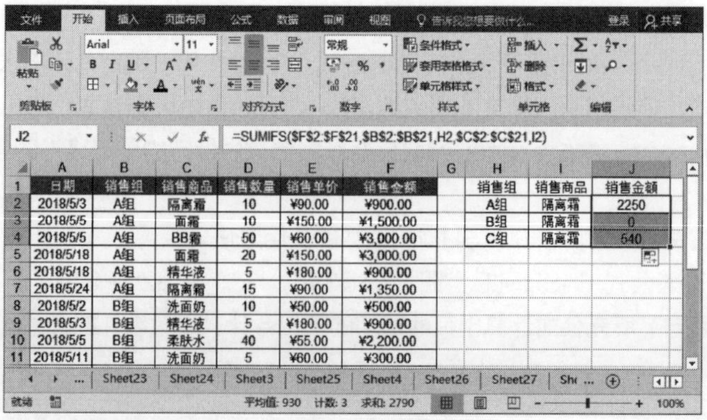

图 4-131

（4）PRODUCT函数

PRODUCT函数可以计算所有参数的乘积。

语法格式：PRODUCT（Number1，Number2，...）

参数Number1，Number2，...表示要计算乘积的值，可以使用逻辑值或者代表数值的字符串，最多可以设置255个参数。

下面用实例介绍PRODUCT函数的用法。

选中单元格E2，在"公式"选项卡的"函数库"组中单击"数学和三角函数"下拉按钮，在下拉列表中选择"PRODUCT"函数，打开"函数参数"对话框。依次设置参数为"B2""C2""D2"，最后单击"确定"按钮关闭对话框，如图4-132所示。返回工作表，单元格E2中随即计算出三个参数的乘积，如图4-133所示。

本例中由于需要参与计算的单元格在相邻的区域，公式还可以写作"=PRODUCT（B2:D2）"。

图4-132 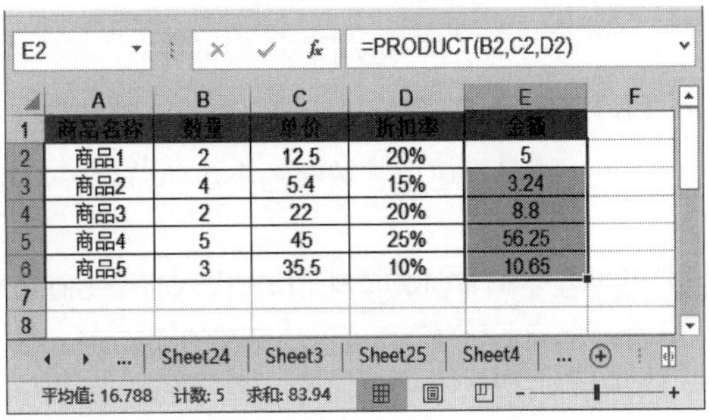　　　　　　　　　　　　　　图4-133

（5）QUOTIENT函数

QUOTIENT函数可以返回除法的整数部分。

语法格式：QUOTIENT（Numerator，Denominator）

参数Numerator是被除数。Denominator是除数。

QUOTIENT函数的实际应用，如图4-134所示。在单元格D2中输入公式"=QUOTIENT（B2，C2）"，回车后得到B2单元格与C2单元格中的值相除所得的整数部分。向下填充公式计算出可购买其他商品的数量。

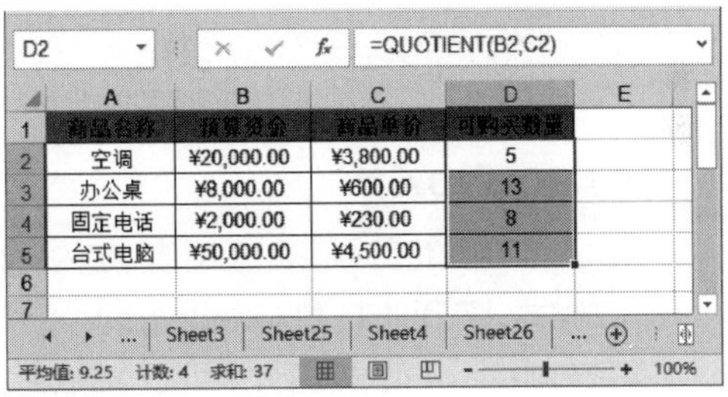

图4-134

（6）INT函数

INT函数可以将数字向下取舍到最近的整数。

语法格式：INT（Number）

参数Number表示需要进行向下取整的实数。

对不同值使用INT函数向下取整的最终结果，如图4-135所示。

INT函数不管参数的小数位数是多少都不会四舍五入，只会向下取整数部分。

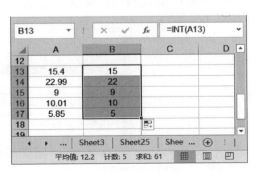

图4-135

（7）ROUNDUP函数

ROUNDUP函数向上取舍数字而且可以保留指定小数位数。

语法格式：ROUNDUP（Number，Num_digits）

参数Number表示需要向上舍入的任意实数。Num_digits表示要将数字舍入到的位数。

ROUNDUP函数对一组数字向上取舍保留两位小数的最终结果，如图4-136所示。

向下取舍数字并保留指定小数位数的函数是ROUNDDOWN函数，ROUNDDOWN函数的参数设置方法和ROUNDUP函数相同。

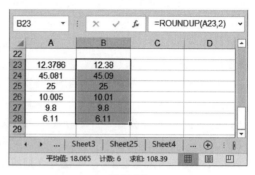

图4-136

（8）TRUNC函数

TRUNC函数可以将数字的小数部分截去，返回整数。

语法格式：TRUNC（Number，Num_digits）

参数Number表示需要截尾取整的数字。Num_digits为可选函数，用于指定截尾精度的数字，如果忽略，为0。

TRUNC函数截取数值不会进行四舍五入，只会按照指定的截尾精度（即第2个参数值）直接截取小数。图4-137为TRUNC函数将一组数值截取2位小数的最终结果。

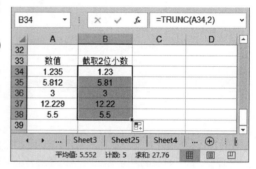

图4-137

（9）ROUND函数

ROUND函数将数字四舍五入到指定的位数。

语法格式：ROUND（Number，Num_digits）

参数Number表示要进行四舍五入的数字。Num_digits表示要进行四舍五入运算的位数。

使用ROUND函数可以将下表中的金额四舍五入到一位小数。

在单元格E2中输入公式"=ROUND（PRODUCT（B2:D2），1）"，按Enter键后计算出结果。随后向下填充公式，计算出所有商品四舍五入到一位小数的金额，如图4-138所示。

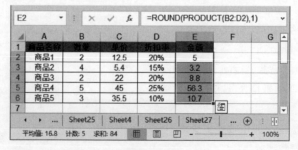

图4-138

4.7 逻辑函数

逻辑值是用TRUE、FALSE之类的特殊文本表示指定条件是否成立，条件成立时为逻辑值TRUE，条件不成立为逻辑值FALSE。在Excel中逻辑值或逻辑式的应用很广泛，通常以IF函数为前提，与其他函数嵌套使用。

（1）IF函数

IF函数根据逻辑式判断指定条件，如果条件成立，则返回真条件下的指定内容；如果条件式不成立，则返回假条件下的指定内容。

语法格式：IF（Logical_test，Value_if_true，Value_if_false）

参数Logical_test表示任何能被计算为TRUE或FALSE的数值或表达式。Value_if_true是Logical_test为TRUE时的返回值，如果忽略则返回TRUE。IF函数最多可嵌套7层。Value_if_false是当Logical_test为FALSE时的返回值，如果忽略则返回FALSE。

参照图4-139设置IF函数的参数，在G列中计算F列中的分数是否及格，如图4-140所示。

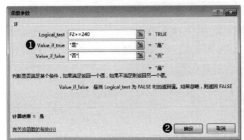

图4-139

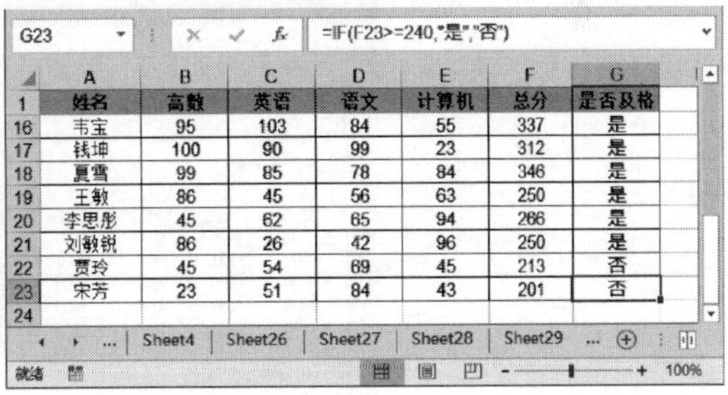

	A	B	C	D	E	F	G
1	姓名	高数	英语	语文	计算机	总分	是否及格
16	韦宝	95	103	84	55	337	是
17	钱坤	100	90	99	23	312	是
18	夏雪	99	85	78	84	346	是
19	王敏	86	45	56	63	250	是
20	李思彤	45	62	65	94	266	是
21	刘敏锐	86	26	42	96	250	是
22	贾玲	45	54	69	45	213	否
23	宋芳	23	51	84	43	201	否
24							

图4-140

使用IF函数多层嵌套可以为学生的考试总分进行评级，公式为“=IF（F2<240，"不及格"，IF（F2<280，"及格"，IF（F2<400，"优秀"）））”，如图4-141所示。

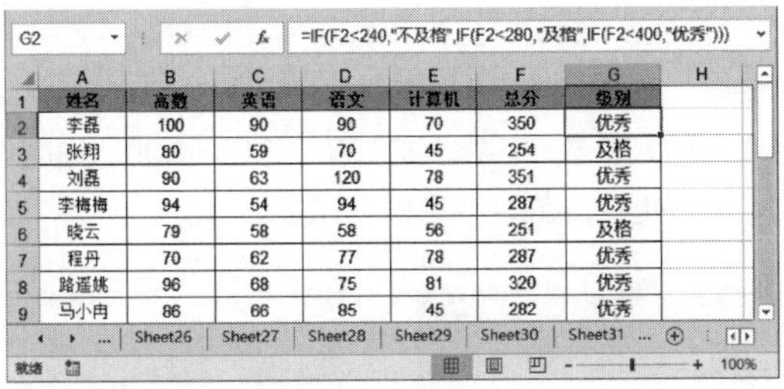

	A	B	C	D	E	F	G	H
1	姓名	高数	英语	语文	计算机	总分	级别	
2	李磊	100	90	90	70	350	优秀	
3	张翔	80	59	70	45	254	及格	
4	刘磊	90	63	120	78	351	优秀	
5	李梅梅	94	54	94	45	287	优秀	
6	晓云	79	58	58	56	251	及格	
7	程丹	70	62	77	78	287	优秀	
8	路遥姚	96	68	75	81	320	优秀	
9	马小冉	86	66	85	45	282	优秀	

图4-141

（2）AND函数

AND函数的作用是检查所有参数是否均符合条件，如果都符合条件就返回TRUE，如果有一个不符合条件返回FALSE。

语法格式：AND（Logical1，Logical2，...）

参数Logical1，Logical2，...是1到255个结果为TRUE或FALSE的检测条件，检测值可以是逻辑值、数组或引用。

利用AND函数判断以下三组条件均成立才能返回TRUE，有一个条件不成立就要返回FALSE。函数参数对话框中设置的参数分别是"B2>4000""C2>4000""D2>4000"，如图4-142所示。在工作表中可以查看到公式的返回结果，如图4-143所示。

图4-142　　　　　　　　　　　　　　　　　　图4-143

如果希望AND函数根据条件返回具体内容，只要和IF函数嵌套使用就可以完成。在单元格E2中输入公式"=IF（AND（B2>4000，C2>4000，D2>4000），"完成"，"未完成"）"，按Enter键后返回结果为"完成"，向下填充公式，计算其他日期的计划完成情况，如图4-144所示。

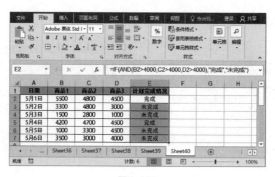

图4-144

（3）OR函数

OR函数可以用来对多个逻辑条件进行判断。只要有1个逻辑条件满足时就返回TRUE。

语法格式：OR（Logical1，Logical2，...）

参数Logical1，Logical2，...是1到255个结果是TRUE或FALSE的检测条件。

在"函数参数"对话框中输入参数"B2>=90"和"C2>=80"，如图4-145所示。这两个参数条件只要有一个成立即可返回TRUE，如图4-146所示。

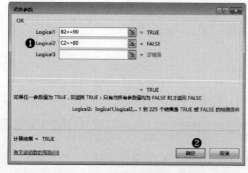
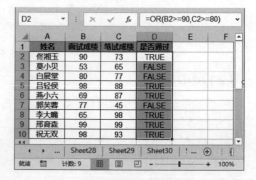

图4-145　　　　　　　　　　　　　　　　　　图4-146

IF函数与OR函数嵌套可以返回具体内容。在单元格D2中输入公式"=IF（OR（B2>=90，C2>=80），"通过"，"未通过"）"，按Enter键后显示内容"通过"，向下填充公式，显示其他人员面试情况，如图4-147所示。

图4-147

4.8 文本函数

Excel中的文本函数可以对文本进行查找、提取、替代、结合等操作。

（1）LEN函数和LENB函数

LEN函数用于返回文本字符串中的字符个数。

LENB函数用于返回文本字符串中代表字符的字节数。

汉字、字母（包含大写和小写）、空格、数字以及标点符号，这些都是字符，一个汉字、字母、数字、标点符号就是一个字符。字节是计算机用于计量存储容量的单位，一般一个字符占一个或两个字节的存储空间，半角英文字母、数字、英文标点符号均占一个字节的空间，全角英文字母、数字、中文标点符号和中文汉字都是占两个字节的空间，中文汉字不管是在全角状态还是半角状态下都占两个字节。

LEN函数和LENB函数的语法格式相同。

语法格式：LEN（Text）

语法格式：LENB（Text）

参数Text表示要查找其长度的文本。 空格将作为字符进行计数。

图4-148中使用的是LEN函数，图4-149使用的是LENB函数，分别以字符数和字节数计算同一文本长度。

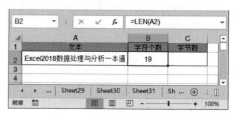

图4-148

图4-149

（2）CONCATENATE函数

CONCATENATE 函数可以将两个或多个文本字符串连接为一个字符串。

语法格式：CONCATENATE（Text1，Text2，...）

参数 Text1，Text2表示需要合并的文本字符串，最多可以设置255个参数，可以是字符串、数字或对单个单元格的引用。

利用CONCATENATE函数可以将分列显示的省、市、区内容合并到一列中显示，并以"省""市""区"文本连接。

在单元格D2中输入公式"=CONCATENATE（A2，"省"，B2，"市"，C2，"区"）"，如图4-150所示，回车后得到合并结果，随后向下填充公式，合并其他行中的文本，如图4-151所示。

（3）FIND和FINDB函数

FIND函数的作用是返回一个字符串在另一个字符串中的指定位置。

语法格式：FIND（Find_text，Within_text，Start_num）

参数Find_text表示要查找的文本。Within_text表示包含要查找文本的文本。Start_num是可选参数，用于指定开始进行查找的字符，如果省略则默认为1。

下面是FIND函数的具体使用实例，如图4-152和图4-153所示。

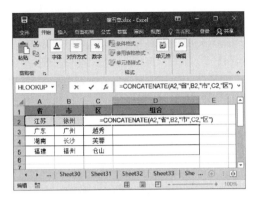

图4-150

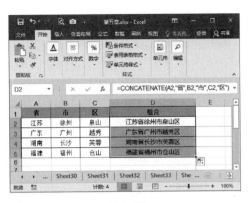

图4-151

图4-152

图4-153

FINDB函数可以使用字节数显示字符串位置，其语法格式和参数设置方法与FIND函数相同，此处不再赘述。

在单元格C4中输入公式"=FINDB（B4，A4）"，按Enter键后即可计算出B4单元格中的内容在A4单元格中是第几个字节，如图4-154所示。

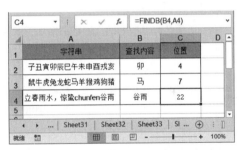

图4-154

（4）LEFT函数

LEFT函数可以从文本字符串的第一个字符开始返回指定个数的字符。

语法格式：LEFT（Text，Num_chars）

参数Text表示要提取的字符的文本字符串。Num_chars表示要提取的字符的数量。

下面使用LEFT函数可以提取指定单元格内容的前3个字符。

在单元格B2中输入公式"=LEFT（A2，3）"，如图4-155所示，回车后返回提取结果，随后向下填充公式，提取其他单元格中的前3个字符，如图4-156所示。

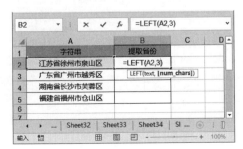

图4-155

图4-156

（5）MID函数

MID函数可以从文本字符串中的指定起始位置返回指定长度的字符。

语法格式：MID（Text，Start_num，Num_chars）

参数Text表示准备从中提取字符的文本字符串。Start_num表示准备提取的第一个字符的位置，Text中第一个字符位置为1，以此类推。Num_chars表示要提取的字符串长度。

从身份证号码中可以提取一些有效信息，利用MID函数可以从身份证号码中提取出生年月日。

在单元格E2中输入公式"=MID（D2，7，8）"，表示从D2单元格中的身份证号码的第7位数开始向后提取出8个数字。向下填充公式，提取出所有员工出生日期，如图4-157所示。

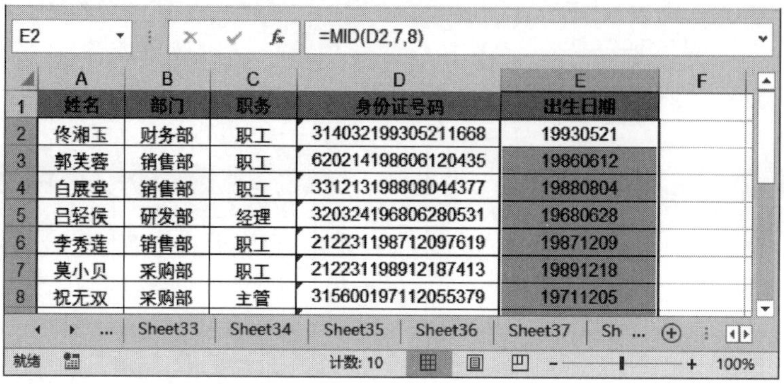

图4-157

（6）TEXT函数

TEXT函数可以根据指定的数值格式将数值转换成文本。

语法格式：TEXT（Value，Format_text）

参数Value表示数值，能够返回数值的公式或对数值单元格的引用。Format_text是文字形式的数字格式，文字形式来自于"单元格格式"对话框"数字"选项卡的"分类"框。

上一个实例中我们从身份证号码中提取出的出生日期是常规格式，是一些普通的数字，并不是真正的日期，而且不容易分辨年月日。这里可以使用TEXT函数让提取出来的"出生日期"看起来更符合日期的标准格式。

选中单元格E2，在编辑栏中输入公式"=TEXT（MID（D2，7，8），"0000-00-00"）"，如图4-158所示，单元格中显示出日期格式的出生日期。向下填充公式将所有出生日期修改成日期格式，如图4-159所示。

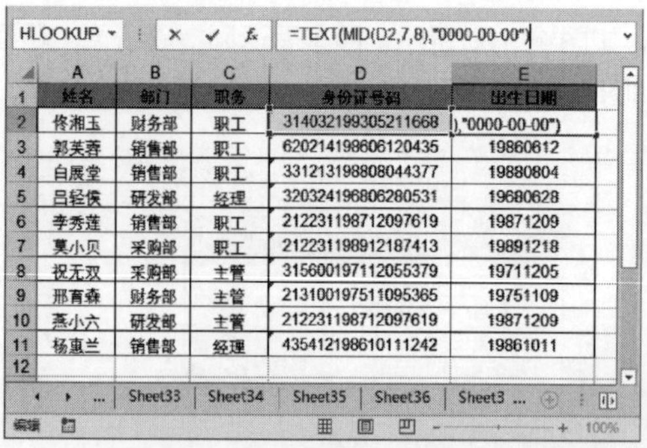

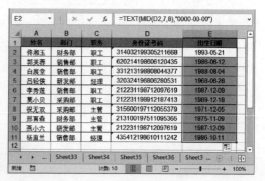

图4-158　　　　　　　　　　　　　图4-159

制作员工薪资条

本章介绍了一些基本函数的用法，包括查找函数、日期函数、数学和三角函数等。下面可依据以下的要求来制作一份薪资条。

（1）打开"员工薪资"原始文件，新建"薪资条"工作表，复制A1：O1单元格区域到"薪资条"工作表的A1单元格中。

（2）在"薪资条"工作表中，选中A1：O2单元格区域，添加表格边框线，边框线为默认样式。

（3）在A2单元格中输入"DS001"，然后选中B2单元格，输入"=VLOOKUP（$A2，员工薪资表!$A:$N，COLUMN（），0）"公式，得出"章强的工资明细"。

（4）向右拖拽鼠标至N2单元格，复制公式。

（5）将"入职时间"数字格式设为"短日期"。

（6）选中A1：O3单元格区域，使用鼠标拖曳的方法，向下复制公式，完成薪资的制作，最终结果如图4-160所示。

	姓名	部门	职务	入职时间	基本工资	工龄	工龄工资	绩效奖金	岗位津贴	应付工资	社保扣款	应扣所得税	实发工资	员工签字
	李胜	技术部	技术员	2010/4/3	3500	8	800	400	1000	5700	1100	0	4600	
	姓名	部门	职务	入职时间	基本工资	工龄	工龄工资	绩效奖金	岗位津贴	应付工资	社保扣款	应扣所得税	实发工资	员工签字
	李波	技术部	专员	2012/9/4	3000	5	500	400	1000	4900	1100	0	3800	
	姓名	部门	职务	入职时间	基本工资	工龄	工龄工资	绩效奖金	岗位津贴	应付工资	社保扣款	应扣所得税	实发工资	员工签字
	赵磊	技术部	专员	2013/6/9	3000	5	500	400	1000	4900	1100	0	3800	
	姓名	部门	职务	入职时间	基本工资	工龄	工龄工资	绩效奖金	岗位津贴	应付工资	社保扣款	应扣所得税	实发工资	员工签字
	曾志	技术部	高级专员	2014/9/22	3500	3	150	500	1200	5350	1100	0	4250	
	姓名	部门	职务	入职时间	基本工资	工龄	工龄工资	绩效奖金	岗位津贴	应付工资	社保扣款	应扣所得税	实发工资	员工签字
	昊浩	技术部	专员	2014/9/4	3500	3	150	400	1000	5050	1100	0	3950	
	姓名	部门	职务	入职时间	基本工资	工龄	工龄工资	绩效奖金	岗位津贴	应付工资	社保扣款	应扣所得税	实发工资	员工签字
	李军	生产部	总理	2009/4/8	4500	9	900	580	1500	7480	1100	27.2	6352.8	
	姓名	部门	职务	入职时间	基本工资	工龄	工龄工资	绩效奖金	岗位津贴	应付工资	社保扣款	应扣所得税	实发工资	员工签字
	何明天	生产部	高级专员	2010/8/4	4000	7	700	400	1200	6300	1100	0	5200	
	姓名	部门	职务	入职时间	基本工资	工龄	工龄工资	绩效奖金	岗位津贴	应付工资	社保扣款	应扣所得税	实发工资	员工签字
	王林	生产部	专员	2012/9/2	3000	5	500	380	1000	4880	1100	0	3780	
	姓名	部门	职务	入职时间	基本工资	工龄	工龄工资	绩效奖金	岗位津贴	应付工资	社保扣款	应扣所得税	实发工资	员工签字

员工薪资表　薪资条

图4-160

用时统计：□□分钟

难点备注（在完成本练习时有哪些知识点还没有掌握，可自行记录并加以巩固）：

第5章

数据的图形化展示

知识导读

图表是数据图形化的表达，也是数据可视化的一种体现。图形的种类有很多种，用户可以根据需要插入不同的图形，以便对数据进行分析和处理。还可以设置图表的布局，更改图表的类型以及美化图表，让图表看起来更加具有吸引力。此外，本章结尾还将介绍迷你图的创建。

思维导图

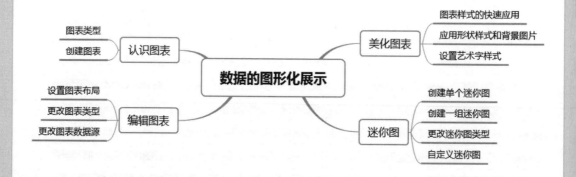

图表类型
创建图表 —— 认识图表
设置图表布局
更改图表类型 —— 编辑图表
更改图表数据源

数据的图形化展示

图表样式的快速应用
应用形状样式和背景图片 —— 美化图表
设置艺术字样式

创建单个迷你图
创建一组迷你图
更改迷你图类型 —— 迷你图
自定义迷你图

本章教学视频数量：**6个**

5.1　认识图表

图表可以直观地展示统计信息，不同类型的图表可能具有有不同的构成要素，用户将数据绘制成图表后，有利于分析数据间的关系和变化趋势。

5.1.1　图表类型

Excel提供了14种类型的图表，常见的图表类型有柱形图、折线图、饼图、条形图、面积图、XY（散点图）、股价图、曲面图、雷达图、树状图、旭日图、直方图、箱形图和瀑布图。

（1）柱形图

柱形图常用于显示一段时间内数据的变化或说明各项数据之间的比较情况，是常用的图表类型之一。柱形图包括簇状柱形图（图5-1）、堆积柱形图（图5-2）、百分比堆积柱形图、三维簇状柱形图、三维堆积柱形图、三维百分比堆积柱形图和三维柱形图。

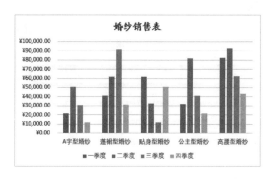

图5-1

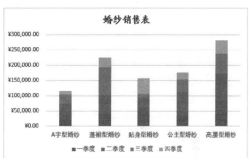

图5-2

（2）折线图

折线图用来反映在相等时间间隔下的数据变化趋势。一般沿横坐标轴均匀分布类别数据，沿纵坐标轴均匀分布数值数据。折线图包括折线图（图5-3）、堆积折线图、百分比堆积折线图、带数据标记的折线图（图5-4）、带标记的堆积折线图、带数据标记的百分比堆积折线图和三维折线图。

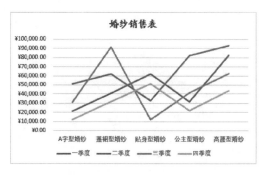

图5-3

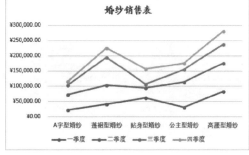

图5-4

（3）饼图

饼图用于显示一系列数据中各项数值的比例大小，能直观地表达部分与整体之间的关系，各项比例值的总和始终等于100%，饼图中的数据点可以按照百分比的形式显示。饼图包括饼图（图5-5）、三维饼图（图5-6）、复合饼图、复合条饼图和圆环图。

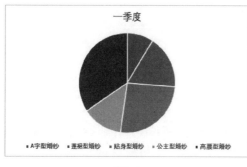

图5-5　　　　　　　　　　　　　　　　　　　图5-6

（4）条形图

条形图用于比较跨若干类别的数值，与柱形图相似，也用于显示一段时间内数据的变化或说明各项之间的比较情况。条形图包括簇状条形图（图5-7）、堆积条形图、百分比堆积条形图（图5-8）、三维簇状条形图、三维堆积条形图和三维百分比堆积条形图。

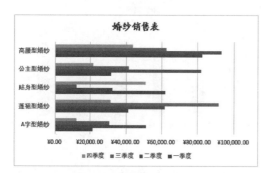
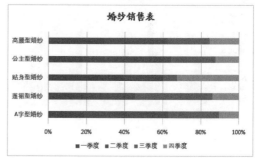

图5-7　　　　　　　　　　　　　　　　　　　图5-8

（5）面积图

面积图用于表现一系列数值随时间变化的程度，可引起人们对总值变化趋势的关注，常用来显示所绘值的总和，或是显示整体与部分间的关系。面积图中包括面积图（图5-9）、堆积面积图、百分比堆积面积图、三维面积图（图5-10）、三维堆积面积图和三维百分比堆积面积图。

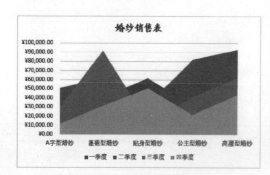
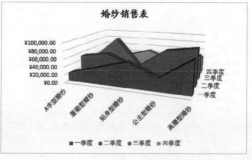

图5-9　　　　　　　　　　　　　　　　　　　图5-10

5.1.2 创建图表

用户如果想要使用图表来分析数据，需要先创建图表。创建图表的方法有多种，例如功能区创建、快捷键创建和对话框创建等。

（1）功能区法创建图表

步骤 01 打开工作表，选中需要创建图表的数据单元格区域，单击"插入"选项卡中的"插入柱形图"按钮，从列表中选择"簇状柱形图"选项，如图5-11所示。

步骤 02 工作表中就插入一个柱形图，输入图表标题，查看插入柱形图的效果，如图5-12所示。

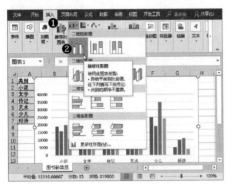

图5-11

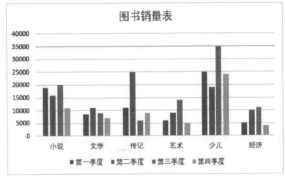

图5-12

（2）快捷键法创建图表

选中需要创建图表的数据单元格区域，如图5-13所示，按Alt+F1组合键，即可创建柱形图表，如图5-14所示。

图5-13

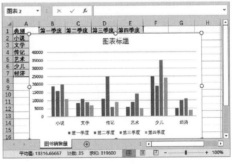

图5-14

（3）对话框法创建图表

步骤 01 选中需要创建图表的数据单元格区域，单击"插入"选项卡中的"推荐的图表"按钮，如图5-15所示。

步骤 02 打开"插入图表"对话框，切换至"所有图表"选项卡，选择"折线图"选项，然后在右侧选择"折线图"类型，单击"确定"按钮，如图5-16所示。

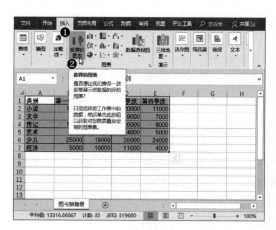

图5-15

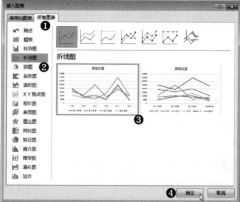

图5-16

步骤 03 工作表中就插入了折线图，输入图表标题，查看最终效果，如图5-17所示。

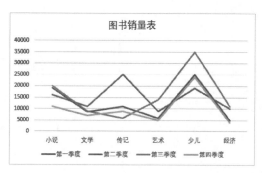

图5-17

5.2 编辑图表

用户完成图表的创建后，可以根据需要对图表进行编辑，例如对图表的布局、类型和数据源进行更改。

5.2.1 设置图表布局

用户可以根据需要为图表添加一些想要的元素，例如添加图表标题、图例、数据标签和数据表等。

（1）添加图表标题

图表标题可以直观地说明该图表的意义，如果创建的图表没有标题，用户可以通过以下方法添加图表标题。

步骤01 打开工作表，选中需要添加标题的图表，单击"图表工具-设计"选项卡中的"添加图表元素"按钮，从列表中选择"图表标题>图表上方"选项，如图5-18所示。

步骤02 为图表添加标题后，在文本框中输入标题内容，然后在"开始"选项卡"字体"选项组中对标题的字体格式进行设置，如图5-19所示。

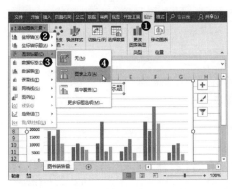

图5-18

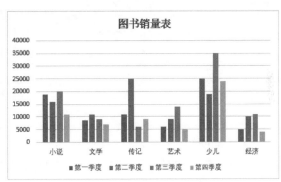

图5-19

（2）添加数据标签和数据表

数据标签用于表示数据系列的实际数值，而数据表则用于显示图表中所有数据系列的源数据。

步骤01 添加数据标签。打开工作表，选择图表，单击"图表元素"按钮，从展开的列表中单击"数据标签"右侧的小三角按钮，从其级联菜单中选择"数据标签外"选项即可，如图5-20所示。

步骤02 添加数据表。选择图表，单击右侧"图表元素"按钮，从展开的列表中勾选"数据表"前面的复选框，即可为图表添加数据表，如图5-21所示。

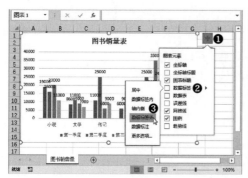

图 5-20

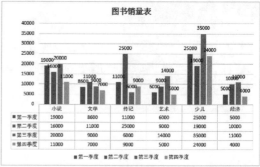

图 5-21

（3）编辑图例

除了单系列图表不需要图例来区分系列外，几乎所有图表都需要用由文字和标识组成的图例来进行系列的注释。

打开工作表，选择图表，单击"图表工具-设计"选项卡中的"添加图表元素"按钮，从列表中选择"图例"选项，然后从其级联菜单中选择"右侧"选项即可，如图 5-22 所示。

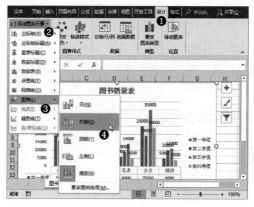

图 5-22

（4）快速布局

用户可以使用"快速布局"功能，快速整体地更改图表布局。打开工作表，选择图表，单击"图表工具-设计"选项卡中的"快速布局"按钮，从列表中选择"布局 7"选项即可，如图 5-23 所示。

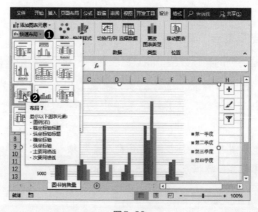

图 5-23

5.2.2 更改图表类型

如果用户对创建的图表不满意，可以更改图表的类型，使其更好地表现出用户想要表达的意思。

步骤 01 打开工作表，选择需要更改类型的图表，单击"图表工具-设计"选项卡中的"更改图表类型"按钮，如图5-24所示。

步骤 02 打开"更改图表类型"对话框，从中选择"折线图"选项，然后在右侧选择"折线图"类型，单击"确定"按钮，即可将柱形图更改为折线图，如图5-25所示。

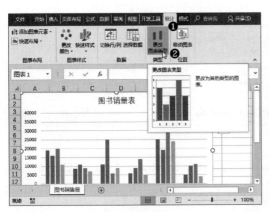

图5-24

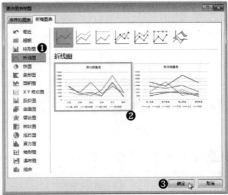

图5-25

5.2.3 更改图表数据源

图表中的数据系列不是一成不变的，用户可以通过更改图表数据源来添加和删除数据系列。

步骤 01 删除数据系列。打开工作表，选中图表并右击，从弹出的快捷菜单中选择"选择数据"命令，如图5-26所示。

步骤 02 打开"选择数据源"对话框，在"图例项（系列）"列表框中选择要删除的系列，然后单击"删除"按钮，最后单击"确定"按钮即可将"第四季度"数据系列删除，如图5-27所示。

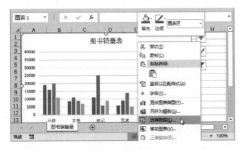

图5-26

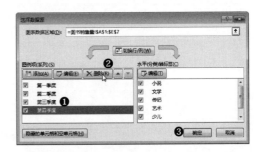

图5-27

 技巧点拨：删除数据系列的其他方法

用户还可以选择要删除的数据系列，单击鼠标右键，从弹出的快捷菜单中选择"删除"命令即可将选择的数据系列删除。

步骤 03 添加数据系列。选中需要添加数据系列的图表，单击"图表工具-设计"选项卡中的"选择数据"按钮，如图5-28所示。

步骤 04 打开"选择数据源"对话框，单击"图表数据区域"右侧折叠按钮，在工作表中拖动鼠标选择数据区域，将"第四季度"单元格区域包含在所选区域内，然后单击折叠按钮，返回"选择数据源"对话框，单击"确定"按钮，如图5-29所示。

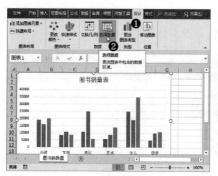

图5-28

图5-29

步骤 05 返回工作表后，可以看到已经将第四季度的数据系列添加到图表中，如图5-30所示。

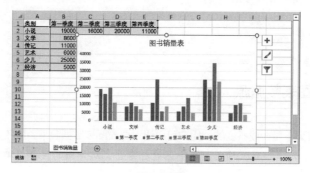

图5-30

5.3 美化图表

用户创建图表后，不仅可以编辑图表，还可以对图表进行适当地美化，使图表看起来更加美观。

5.3.1 图表样式的快速应用

用户可在"图表样式"选项组中对图表进行快速美化。

步骤01 打开工作表，选中图表，单击"图表工具-设计"选项卡"图表样式"选项组中的"其他"按钮，如图5-31所示。

步骤02 从展开的列表中选择"样式3"选项，返回工作表，查看为图表快速应用新样式的效果，如图5-32所示。

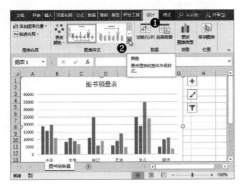

图5-31

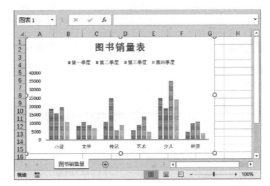

图5-32

5.3.2 应用形状样式和背景图片

用户还可以为图表设置形状样式和背景图片，达到美化图表的效果。

步骤01 打开工作表，选中图表中"第一季度"数据系列，单击"图表工具-格式"选项卡的"其他"按钮，从列表中选择合适的形状样式，如图5-33所示。

步骤02 单击"图表工具-格式"选项卡中的"形状填充"按钮，从展开的列表中选择"纹理"选项，并从其级联菜单中选择合适的纹理样式，如图5-34所示。

步骤03 单击"形状效果"按钮，从列表中选择"预设"选项，然后从其级联菜单中选择合适的预设效果，如图5-35所示。

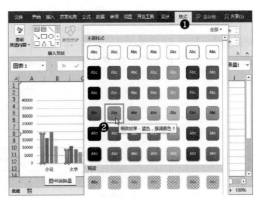

图5-33

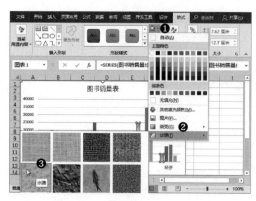

图5-34

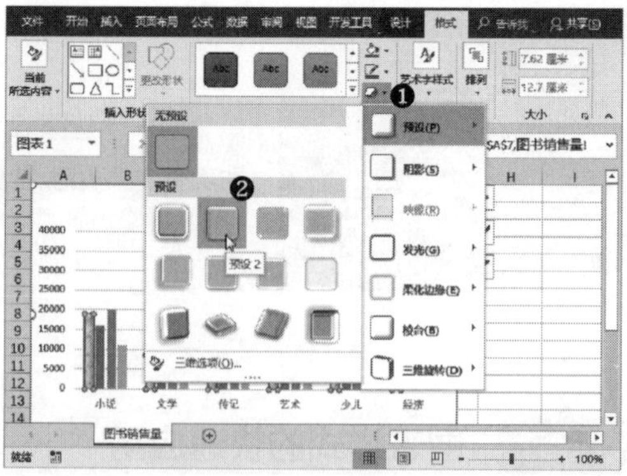

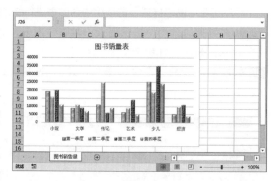

图5-35

步骤 04 按照同样的方法，为其他数据系列设置形状样式。设置完成后，查看最终效果，如图5-36所示。

步骤 05 为图表设置背景图片。选中图表，单击"图表工具-格式"选项卡中的"形状填充"按钮，从列表中选择"图片"选项，如图5-37所示。

步骤 06 打开"插入图片"对话框，从中选择图片，然后单击"插入"按钮，如图5-38所示。

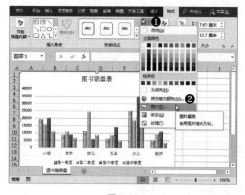

图5-37

图5-38

图5-36

步骤 07 返回工作表中，查看为图表设置背景图片后的效果，如图5-39所示。

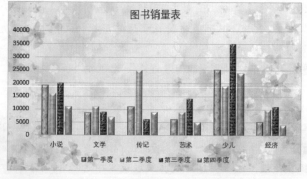

图5-39

5.3.3 设置艺术字样式

用户可以为图表设置艺术字样式，使图表的文本更加醒目。

步骤01 打开工作表，选择图表中的标题，在"开始"选项卡"字体"选项组中设置标题的字体和字号，如图5-40所示。

步骤02 单击"图表工具-格式"选项卡"艺术字样式"选项组的"其他"按钮，从列表中选择合适的艺术字样式，如图5-41所示。

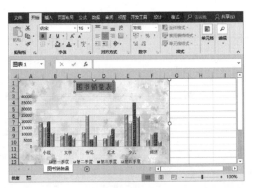
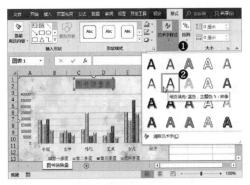

图5-40　　　　　　　　图5-41

步骤03 单击"艺术字样式"选项组中的"文本填充"按钮，从列表中选择合适的颜色，如图5-42所示。

步骤04 返回工作表中，可以看到为图表标题应用艺术字样式的效果，如图5-43所示。

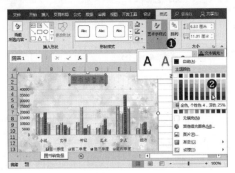
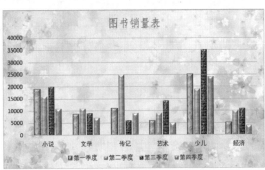

图5-42　　　　　　　　图5-43

知识延伸：使用导航窗格设置标题

如果用户想要设置图表标题的格式，可以选择图表标题后，单击"图表工具-格式"选项卡中的"设置所选内容格式"按钮，在打开的导航窗格中进行相应的设置即可，如图5-44所示。

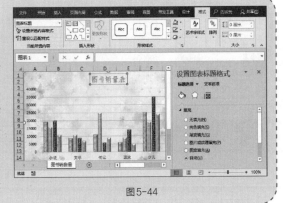

图5-44

5.4 迷你图

迷你图是工作表单元格中的一个微型图表，在数据表格的旁边显示迷你图，可以一目了然地显示出表格中数据的变化趋势。迷你图的类型包括"折线""柱形"和"盈亏"。

5.4.1 创建单个迷你图

迷你图的创建方法很简单，用户可以根据需要创建单个迷你图。

步骤01 打开工作表，选中需要插入迷你图的单元格，切换至"插入"选项卡，单击"迷你图"选项组中的"折线"按钮，如图5-45所示。

步骤02 打开"创建迷你图"对话框，单击"数据范围"右侧折叠按钮，返回工作表，拖动鼠标选中工作表中的数据区域，然后再次单击折叠按钮。返回"创建迷你图"对话框，此时在"数据范围"编辑框中已经添加了所选单元格区域，最后单击"确定"按钮，如图5-46所示。

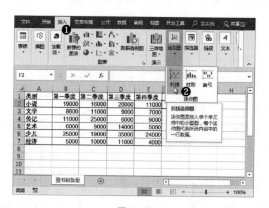

图5-45

图5-46

步骤03 返回工作表中，可以看到选定单元格中已经出现了折线迷你图，如图5-47所示。

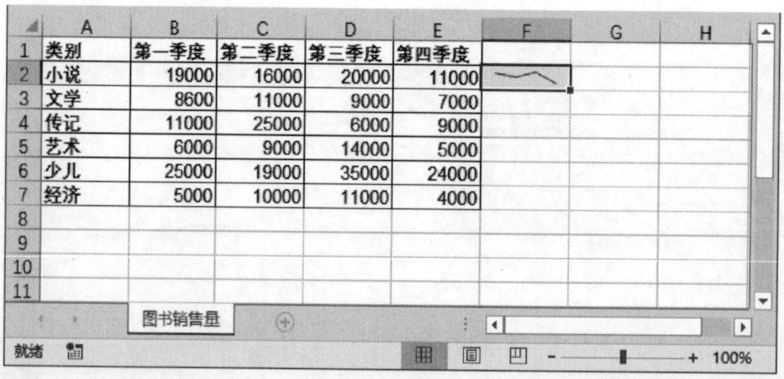

▲	A	B	C	D	E	F	G	H
1	类别	第一季度	第二季度	第三季度	第四季度			
2	小说	19000	16000	20000	11000			
3	文学	8600	11000	9000	7000			
4	传记	11000	25000	6000	9000			
5	艺术	6000	9000	14000	5000			
6	少儿	25000	19000	35000	24000			
7	经济	5000	10000	11000	4000			
8								
9								
10								
11								

图书销售量

图5-47

> **知识延伸：** 如何清除迷你图
>
> 如果用户不再需要迷你图，可以将其删除。选择插入迷你图的单元格，单击"迷你图工具-设计"选项卡中的"清除"按钮，从列表中选择"清除所选的迷你图"选项即可。

5.4.2 创建一组迷你图

用户除了可以创建单个迷你图外，还可以创建一组迷你图，但这组迷你图一定要具有相同图表特征。

（1）填充法

打开工作表，选中已经创建折线迷你图的F2单元格，将鼠标光标移至单元格右下角，当光标变为十字形时，按住鼠标左键不放，向下拖动鼠标至F7单元格，如图5-48所示，可以看到F2:F7单元格区域内填充了折线迷你图，如图5-49所示。

图5-48 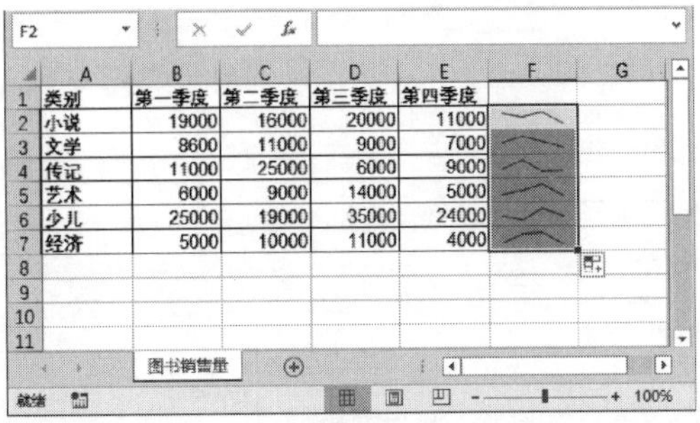　　　　　　　　　　　　　　　图5-49

用户还可以选择F2:F7单元格区域，单击"开始"选项卡"编辑"选项组中的"填充"按钮，从列表中选择"向下"选项即可，如图5-50所示。

（2）插入法

选中G2:G7单元格区域，单击"插入"选项卡"迷你图"选项组中的"折线"按钮。打开"创建迷你图"对话框，设置"数据范围"区域，然后单击"确定"按钮，即可创建一组折线迷你图，如图5-51所示。

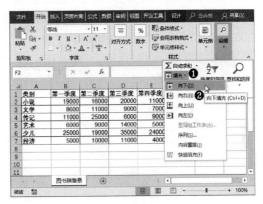

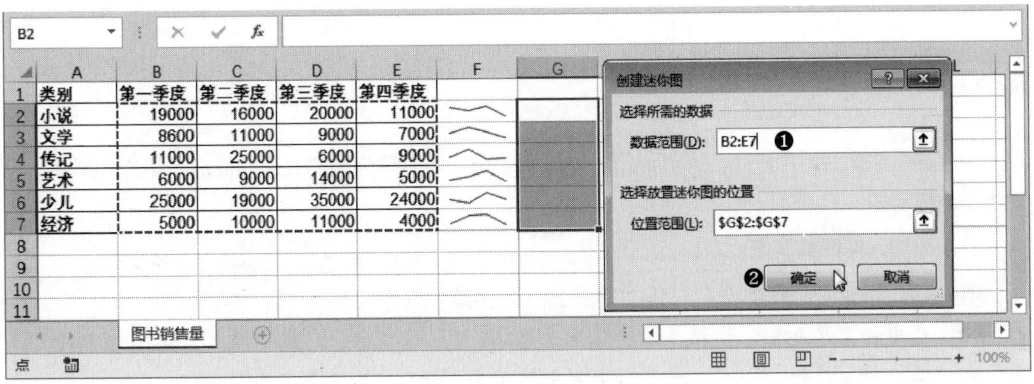

图5-50

图5-51

5.4.3　更改迷你图类型

创建完成迷你图后，用户如果对创建的迷你图不满意，可以对其进行修改。

（1）更改一组迷你图类型

选中一组迷你图中任意单元格，单击"迷你图工具-设计"选项卡"类型"选项组中的"柱形"按钮，如图5-52所示，即可将一组折线迷你图全部更改为柱形图，如图5-53所示。

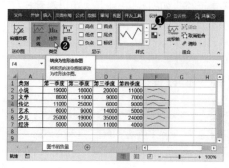

图5-52

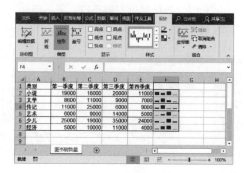

图5-53

（2）更改单个迷你图类型

选中任意迷你图单元格，单击"迷你图工具-设计"选项卡中的"取消组合"按钮，如图5-54所示。然后单击"迷你图工具-设计"选项卡中的"柱形"按钮，即可将F3单元格中的折线迷你图更改为柱形迷你图，如图5-55所示。

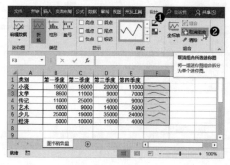

图5-54

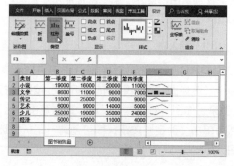

图5-55

5.4.4　自定义迷你图

创建好迷你图后，用户可以对其进行一些设置，例如显示迷你图的高点、低点、首点和尾点，设计迷你图样式等。

（1）添加迷你图数据点

用户可以为迷你图添加数据点，例如为折线迷你图添加高点和低点、首点和尾点等。

步骤01 选中任意单元格，切换至"迷你图工具-设计"选项卡，勾选"显示"选项组中的"高点"和"低点"复选框，即可在迷你图上突出显示高点和低点，如图5-56所示。

步骤02 若勾选"首点"和"尾点"复选框，则折线迷你图的首点和尾点被突出标记，如图5-57所示。

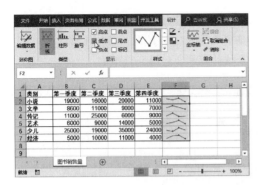

图5-56

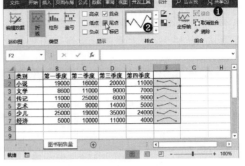

图5-57

> **知识延伸：**数据点标记功能的介绍
>
> 　　只有折线迷你图具有数据点标记功能，柱形迷你图和盈亏迷你图无标记功能。而对于特殊数据点（高点、低点、首点、尾点和负点）则没有迷你图类型的限制，全部三种迷你图类型都可以使用。

步骤 03 如果勾选"显示"选项组中的"标记"复选框，如图5-58所示，则可以在折线图中显示所有数据点。

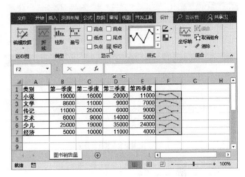

图5-58

（2）设计迷你图样式

　　添加数据点后，用户还可以在"迷你图工具-设计"选项卡中的"样式"选项组中对迷你图的样式进行设计。可以应用系统内置的样式，也可以自定义样式。

步骤 01 应用内置样式。选择迷你图，单击"迷你图工具-设计"选项卡"样式"选项组中的"其他"按钮，如图5-59所示。

步骤 02 从展开的列表中选择合适的样式即可，如图5-60所示。

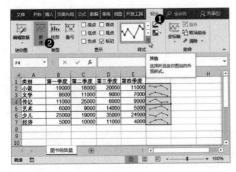

图5-59

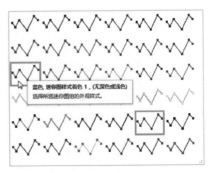

图5-60

步骤 03 自定义样式。选择迷你图，单击"迷你图工具-设计"选项卡中的"迷你图颜色"按钮，从列表中选择"粗细"选项，然后从其级联菜单中选择"2.25磅"，如图5-61所示。

步骤 04 单击"迷你图颜色"按钮，从列表中选择合适的颜色，如图5-62所示。

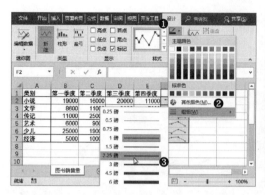

图5-61

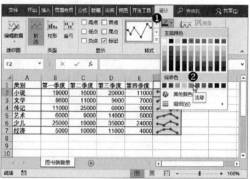

图5-62

步骤 05 在"样式"选项组中单击"标记颜色"按钮，从列表中选择"高点"选项，然后从其级联菜单中选择合适的颜色，如图5-63所示。

步骤 06 再次单击"标记颜色"按钮，从列表中选择"低点"选项，并从其级联菜单中选择合适的颜色，如图5-64所示。

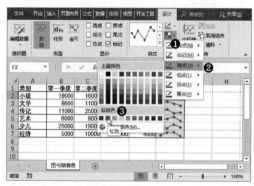

图5-63

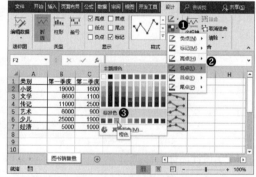

图5-64

步骤 07 按照同样的方法，设置"首点"和"尾点"的颜色，设置完成后查看最终效果，如图5-65所示。

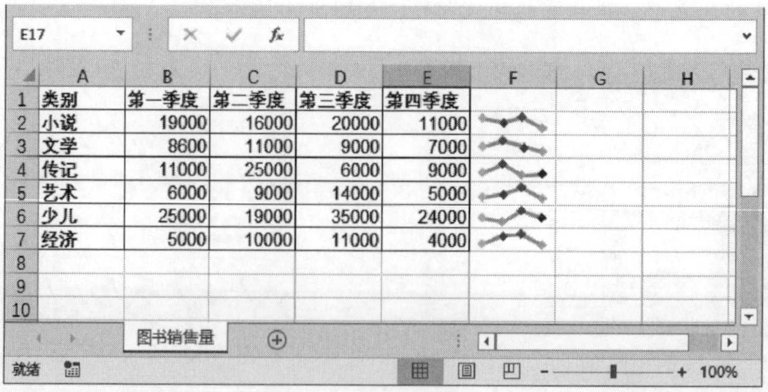

A	B	C	D	E	F	G	H
1 类别	第一季度	第二季度	第三季度	第四季度			
2 小说	19000	16000	20000	11000			
3 文学	8600	11000	9000	7000			
4 传记	11000	25000	6000	9000			
5 艺术	6000	9000	14000	5000			
6 少儿	25000	19000	35000	24000			
7 经济	5000	10000	11000	4000			

图5-65

（3）设置迷你图坐标

由于迷你图数据点之间的差异各不相同，自动设置迷你图不能真实体现数据点之间的差异，所以需要手动为迷你图设置坐标。

步骤01 选中一组柱形迷你图中的任意单元格，单击"迷你图工具-设计"选项卡中的"坐标轴"下拉按钮，从列表中选择"纵坐标轴的最小值选项-自定义值"选项，如图5-66所示。

步骤02 弹出"迷你图垂直轴设置"对话框，在"输入垂直轴的最小值"文本框中输入4000，然后单击"确定"按钮，如图5-67所示。

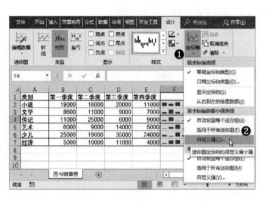

图5-66

图5-67

步骤03 再次单击"坐标轴"下拉按钮，从列表中选择"纵坐标轴的最大值选项-自定义值"选项，在打开的对话框中设置"输入垂直轴的最大值"为35000，单击"确定"按钮即可，如图5-68所示。

图5-68

强化
练习

创建并美化鲜花销量图表

本章介绍了图表以及迷你图的创建与美化操作，下面将以"2月份鲜花销量表"为例，按照以下要求创建一个同名的图表。

（1）创建一个"三维饼图"，输入图表标题：2月份鲜花销量表。

（2）添加数据标签，并在"设置数据标签格式"窗格中勾选"类别名称"和"百分比"复选框，设置标签位置。

（3）选中某一数据系列，在"图表工具-格式"选项卡中设置其形状填充色。

（4）为图表设置背景图片，并为图表标题应用艺术字样式，最终效果如图5-69所示。

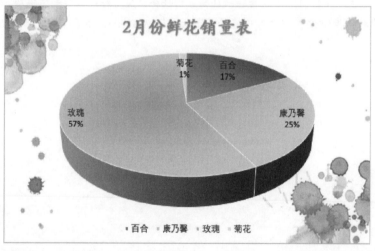

图5-69

用时统计：□□分钟

难点备注（在完成本练习时有哪些知识点还没有掌握，可自行记录并加以巩固）：

第6章 · 让报表数据动起来 ·

知识导读

　　Excel在数据处理和数据分析方面功能强大，而数据透视表则是处理数据的绝佳工具。数据透视表可以动态地改变自身的版面布置，从而达到按照不同方式分析数据的目的。另外数据透视表也可以重新安排行号、列标和页字段，每一次改变版面布置时，数据透视表会立即按照新的布置重新计算数据，可谓灵动多变。

思维导图

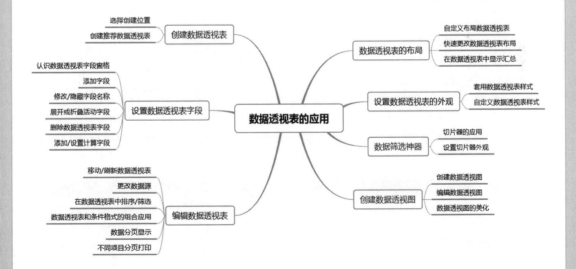

 本章教学视频数量：**11**个

用户可以根据数据源创建数据透视表。

（1）选择数据透视表创建位置

在创建数据透视表的时候，用户要确定数据透视表的创建位置，可以在新工作表中创建数据透视表，也可以将数据透视表创建在当前工作表中。

步骤01 选中数据源中的任意一个单元格，打开"插入"选项卡，在"表格"组中单击"数据透视表"按钮，如图6-1所示。

步骤02 弹出"创建数据透视表"对话框，一般情况下"表/区域"文本框中会自动选取整个数据源区域，用户也可以手动选择表/区域。在"选择放置数据透视表的位置"组中包含两个选项，默认选中的是"新工作表"选项，如果保持默认选项，Excel会自动新建一个工作表，并在新工作表中创建数据透视表。如果要在现有工作表中创建数据透视表，则选中"现有工作表"单选按钮，在"位置"文本框中选取数据透视表的存放位置，最后单击"确定"按钮，如图6-2所示。

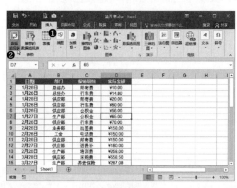

图6-1

图6-2

在现有工作表中创建数据透视表的效果如图6-3所示，在新工作表中创建数据透视表的效果如图6-4所示。

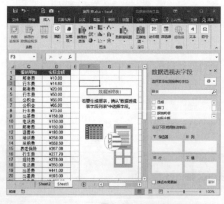

图6-3

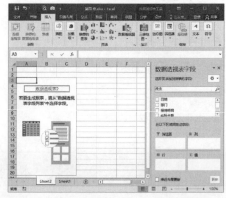

图6-4

技巧点拨：不能创建数据透视表的原因

　　数据源中不能包含空白的行或列，如果包含空白行或空白列，在创建数据透视表时不能自动选择全部数据，数据透视表只默认将连续非空行和非空列字段的数据作为数据源。

（2）创建系统推荐的数据透视表

　　新建的数据透视表是空白的，用户需要自行向数据透视表中添加字段。用户若想快速得到一份布置好版面的数据透视表，可以使用"推荐的数据透视表"功能。

　　选中数据源中任意一个单元格，打开"插入"选项卡，在"表格"组中单击"推荐的数据透视表"按钮，如图6-5所示。打开"推荐的数据透视表"对话框，对话框的左侧显示系统推荐的数据透视表类型，当列表框无法完全显示所有推荐的数据透视表类型时可以拖动滚动条进行查看。单击选中需要的数据透视表类型，然后单击"确定"按钮，如图6-6所示。

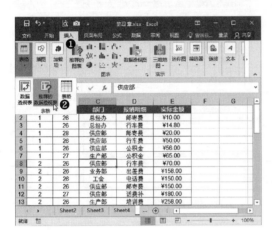

图6-5

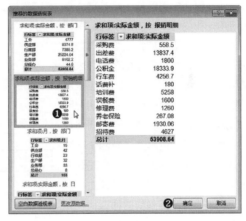

图6-6

　　Excel会自动新建一个工作表，并根据所选类型创建数据透视表，如图6-7所示。

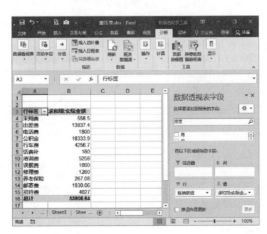

图6-7

6.2 设置数据透视表字段

数据透视表主要是通过不停变换字段来改变整体的布局，从而对不同字段组成的报表进行计算分析。所以灵活掌握数据透视表字段的添加和设置方法，是学好数据透视表的第一步。

6.2.1 认识数据透视表字段窗格

当创建了数据透视表后工作表右侧会出现一个数据透视表窗格，用户可以从该窗格中清晰地了解数据透视表结构，利用这个窗格可以向数据透视表中添加、移动或者删除字段。该窗格中主要的两个区域是字段列表区域和四个字段区间。字段列表区域用来显示所有字段，四个字段区间分别是筛选器、行、列和值。向数据透视表中添加字段的过程便是向四个字段区间中添加字段的过程。当字段列表中的字段过多时，用户可以通过"搜索"文本框进行精确快速地查找，如图6-8所示。

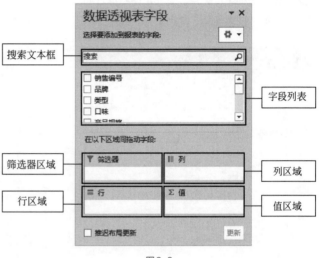

图6-8

另外，用户可通过工具列表中的选项改变数据透视表字段窗格的布局。单击"工具"下拉按钮，在下拉列表中选择"字段节和区域节并排"选项，如图6-9所示，可以将窗格中的区域并排显示，如图6-10所示。

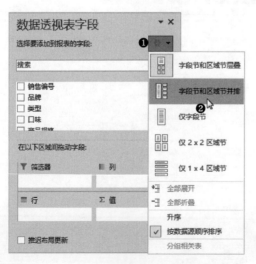

图6-9

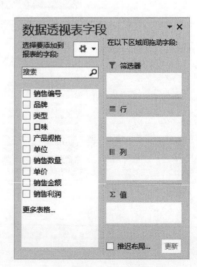

图6-10

在"数据透视表工具-分析"选项卡中的"显示"组内单击"字段列表"按钮，如图6-11所示，可以控制"数据透视表字段"窗格的显示或隐藏。

图6-11

6.2.2 添加字段

新建的数据透视表是空白的，要想利用数据透视表进行数据分析，第一步是向数据透视表中添加字段。

根据数据源在新工作表中创建数据透视表，如图6-12所示。默认情况下当选中数据透视表中任意一个单元格时，"数据透视表字段"窗格就会显示，如图6-13所示。

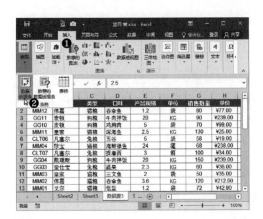

图6-12

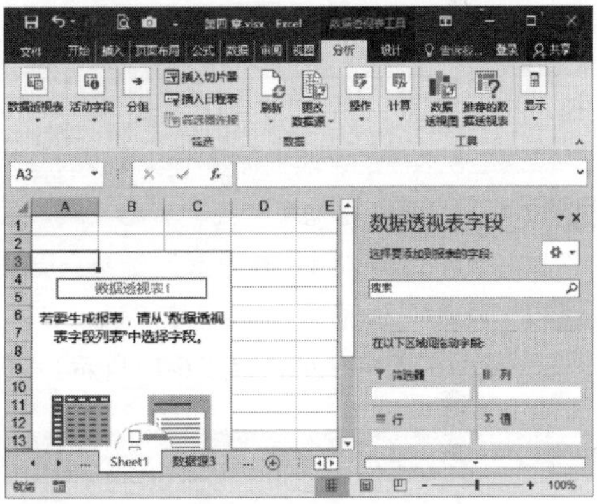

图6-13

在"数据透视表字段"窗格中勾选字段名称前面的复选框，即可将该字段添加到数据透视表中，如图6-14所示。Excel会根据数据类型自动安排字段的显示区域，如图6-15所示。

图6-14

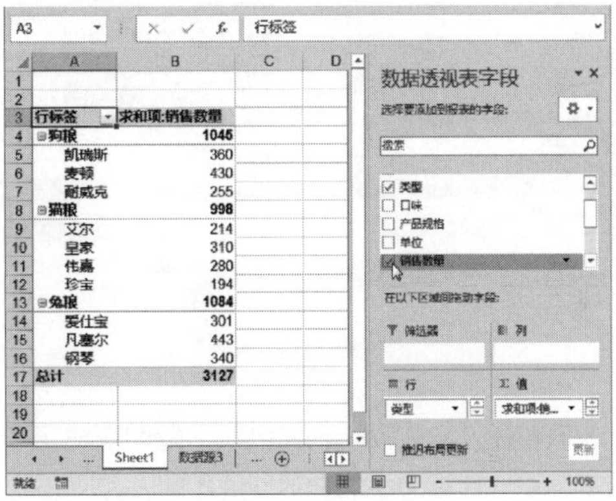

图6-15

用户也可以手动选择字段的显示区间。在字段列表中选中一个字段后按住鼠标左键，拖动鼠标，可以将所选字段拖动到指定的区域内。如图6-16所示，用户可以将"销售编号"字段直接拖曳到"筛选器"区域。也可以在四个区域内直接拖动字段，改变字段的显示区域，如图6-17所示。随着字段区域的改变，数据透视表的布局也同步改变。

图6-16

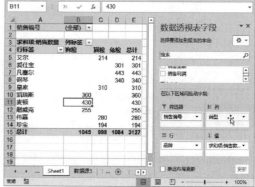

图6-17

6.2.3 修改字段名称

数据透视表中的字段名称是可以修改的，修改方法十分简单。

步骤01 在"数据透视表字段"窗格中的"值"区域内单击需要修改名称的字段右侧下拉按钮，在下拉列表中选择"值字段设置"选项，如图6-18所示。

步骤02 打开"值字段设置"对话框，在"自定义名称"文本框中输入新的字段名称，单击"确定"按钮关闭对话框，如图6-19所示。

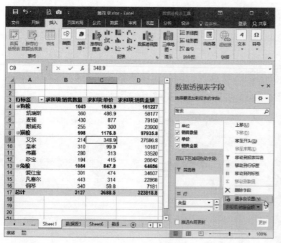

图6-18

图6-19

值字段"求和项：销售金额"随即变成了"总金额"。修改数据透视表中的字段名称，并不会对数据源和字段列表中的名称造成影响，如图6-20所示。

行字段名称也可以修改，用户可以直接在单元格中输入新名称，如图6-21所示。

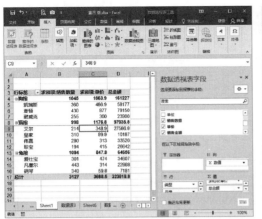

图6-20

图6-21

6.2.4 隐藏字段标题

用户除了可以修改字段名称，还可以对行标题和列标题进行隐藏。

选中数据透视表中任意一个单元格，打开"数据透视表工具-分析"选项卡，在"显示"组中单击"字段标题"按钮，如图6-22所示，即可将行字段和列字段标题隐藏。如图6-23所示，标题旁边的筛选下拉按钮也同时隐藏。再次单击该按钮可将行字段和列字段标题重新显示出来。

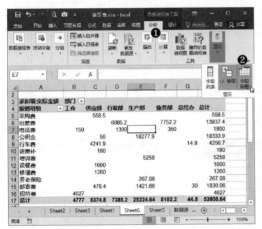

图6-22

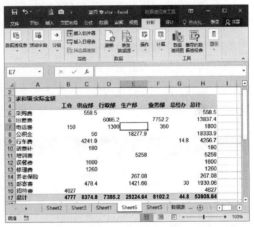

图6-23

选中数据透视表中任意单元格，打开"数据透视表工具-分析"选项卡，在"数据透视表"组中单击"选项"按钮，打开"数据透视表选项"对话框，切换到"显示"选项卡，取消"显示字段标题和筛选下拉列表"复选框的勾选，单击"确定"按钮，也可隐藏字段标题，如图6-24所示。再次勾选复选框可将字段标题显示出来。"字段标题"功能按钮和"显示字段标题和筛选下拉列表"复选框是联动的。

 技巧点拨：隐藏字段需注意

单击"字段标题"按钮只能隐藏行字段标题和列字段标题，无法隐藏值字段标题。

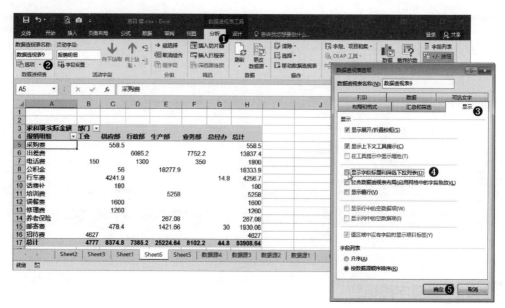

图6-24

6.2.5 展开或折叠活动字段

当数据透视表中包含多个行字段时，可以手动控制活动字段的展开或折叠。用户可以展开或折叠字段中的所有项目，也可以单独对某一个项目进行展开或折叠。

（1）展开或折叠所有活动字段

选中行字段中的任意单元格，打开"数据透视表－分析"选项卡，在"活动字段"组中单击"折叠字段"按钮，即可将行字段中的所有活动字段折叠，如图6-25所示。单击"展开字段"按钮，可以将折叠的字段全部展开，如图6-26所示。

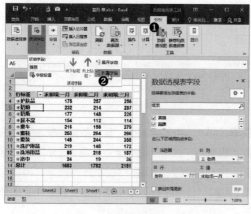

图6-25

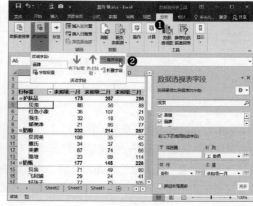

图6-26

（2）展开或折叠指定项

步骤01 在行字段中选中需要折叠的项目，在选区上方右击鼠标，弹出快捷菜单，选择"折叠"选项，如图6-27所示，即可将所选项目折叠。如果只折叠一个项目，右击这个项目中的任意一个单元格然后选择"折叠"选项即可。

步骤02 选中被折叠的项目，右击鼠标，在右键菜单中选择"展开"选项，如图6-28所示，将所选项目展开。

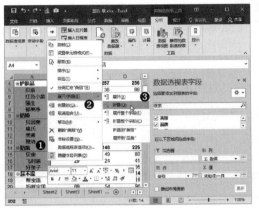

图6-27

图6-28

技巧点拨：展开或折叠字段需注意

用户只能对相邻的多个项目进行同时展开或折叠操作，如果指定的项目在不相邻的区域，即使同时选中也无法完成折叠或展开操作。

（3）通过按钮展开或折叠指定项目

单击行字段项目左侧的"▣"（图6-29）或"⊞"（图6-30），即"隐藏"或"显示"按钮，可以折叠或展开指定的项目。

图6-29

图6-30

技巧点拨：隐藏或显示折叠按钮

单击"数据透视表工具-分析"选项卡中的"+/-"按钮可以控制行字段中"▣"和"⊞"按钮的显示或隐藏。

6.2.6 删除数据透视表字段

当用户要对数据透视表的版面进行重新布置时，可能需要删除数据透视表中的一些字段，然后添加新字段。添加字段前面已经介绍过了，下面介绍一下从数据透视表中删除字段的方法。

在数据透视表字段窗格中找到需要删除的字段所在区域，单击字段名称右侧的下拉按钮，在下拉列表中选择"删除字段"选项，如图6-31所示，即可将所选字段删除，如图6-32所示。

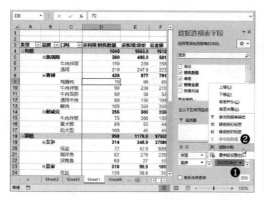

图6-31

图6-32

6.2.7 插入计算项

设置好数据透视表版面后，如果要在数据透视表中添加计算项，而数据源中根本不存在这个计算项时，可以直接在数据透视表中添加计算字段。

（1）插入计算字段

步骤01 打开"数据透视表工具-分析"选项卡，在"计算"组中单击"字段、项目和集"下拉按钮，在下拉列表中选择"计算字段"选项，如图6-33所示。

步骤02 打开"插入计算字段"对话框，在"名称"文本框中输入字段名称，在"公式"文本框中输入计算公式。公式中用到的字段名称可以从"字段"列表中插入。最后单击"确定"按钮关闭对话框，如图6-34所示。

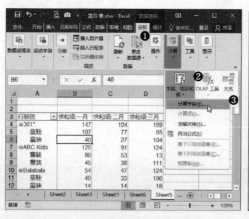

图6-33

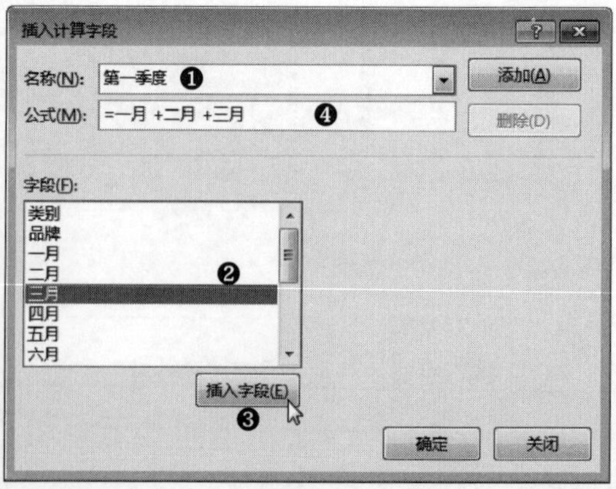

图6-34

数据透视表中随即自动插入"求和项：第一季度"字段，如图6-35所示。

（2）修改计算字段

自定义的计算字段如果计算公式有误，可以返回"插入计算字段"对话框进行修改。

打开"插入计算字段"对话框，单击"名称"文本框右侧下拉按钮，在下拉列表中选择需要修改的字段名称，如图6-36所示。在"公式"文本框中对公式进行修改，如图6-37所示。如果要删除该字段，直接单击"删除"按钮即可。

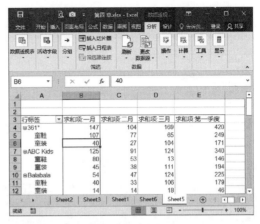

图6-35

图6-36

图6-37

知识延伸：修改字段名称

修改计算字段名称时，用户只能对公式进行修改，不能修改名称。如果修改了名称相当于在数据透视表中插入了新的计算字段，之前要修改的计算字段依然存在不会发生任何改变。

6.2.8 设置值字段

数据透视表中的值字段可以重新设置计算类型，比如将求和计算修改成求平均值计算。另外值的显示形式也可以修改，比如将值的显示形式修改成百分比、差异或指数形式等。

（1）修改值字段计算类型

步骤01 在需要修改计算类型的值字段中右击任意一个单元格，展开右键菜单选择"值字段设置"选项，如图6-38所示。

步骤02 打开"值字段设置"对话框，在"值汇总方式"选项卡中的"计算类型"列表框中选择"平均值"选项，如图6-39所示。

图6-38

图6-39

该字段的计算类型随即变成了平均值。字段标题也由原来的"求和项：一季度"变成了"平均值项：一季度"，如图6-40所示。

（2）设置值显示方式

创建数据透视表后，用户可以通过设置值的显示方式来更方便地分析数据。在需要设置值显示方式的值字段中右击鼠标，在弹出的菜单中选择"值显示方式-总计的百分比"选项，如图6-41所示。该字段的值即可按照总计的百分比形式显示，如图6-42所示。

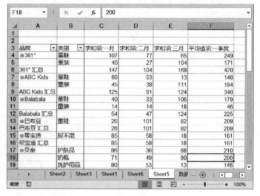

图6-40

图6-41

图6-42

6.3 编辑数据透视表

在数据透视表中进行排序和筛选是分析数据的一种方式，此外用户还可以借助条件格式、分页显示等方式更直观地分析数据。在分析数据之前，用户还要掌握数据透视表的一些基本操作，比如数据透视表的移动、刷新数据等。

6.3.1 移动数据透视表

创建数据透视表后用户仍然可以移动数据透视表的位置。

选中数据透视表中任意一个单元格，打开"数据透视表工具-分析"选项卡，在"操作"组中单击"移动数据透视表"按钮，如图6-43所示。弹出"移动数据透视表"对话框，对话框中默认选中"现有工作表"单选按钮，在"位置"文本框中选取一个单元格地址（也可选择其他工作表中的单元格），单击"确定"按钮，数据透视表即可被移到指定位置，如图6-44所示。如果在对话框中选择"新工作表"单选按钮，Excel会新建一个工作表，并将数据透视表移动到新工作表中。

图6-43

图6-44

移动数据透视表还有一个更简便的方法。选中整个数据透视表，直接拖动，如图6-45所示，便可移动数据透视表位置，如图6-46所示。此方法只能在当前工作表中移动数据透视表，不能移动到其他工作表中。

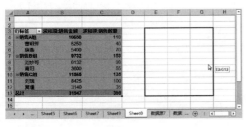

图6-45

图6-46

除手动输入单元格地址外，还可以在对话框中选取单元格地址以提高效率。

单击"位置"文本框右侧的选取按钮，如图6-47所示，对话框会变成一个单元格地址选择框，直接拖动鼠标在工作表中选择单元格区域，所选区域的地址即会自动输入到文本框中。若要选择其他工作表中的单元格区域，需要先单击其他工作表标签，打开那个工作表，然后选择单元格，如图6-48所示。完成后再次单击文本框右侧的选取按钮，可以返回最初的对话框。

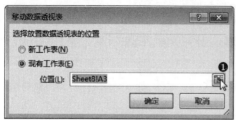

图6-47

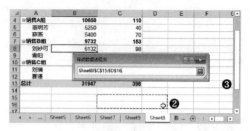

图6-48

数据源中有数据被改动后，数据透视表没办法同步更新，这时候应该及时刷新数据透视表，避免数据透视表中引用的数据和数据源有偏差。

打开"数据透视表工具－分析"选项卡，在"数据"组中单击"刷新"下拉按钮，在下拉列表中选择"刷新"选项，如图6-49所示，可以刷新当前数据透视表。如果选择"全部刷新"选项，则刷新工作表中的所有数据透视表。

数据透视表也可以在每次打开工作簿时自动刷新。右击数据透视表，选择"数据透视表选项"选项。打开"数据透视表选项"对话框，在"数据"选项卡中勾选"打开文件时刷新数据"复选框，如图6-50所示，即可实现自动刷新。

图6-49

图6-50

6.3.3　更改数据源

如果数据透视表引用了错误的数据源，或者数据源中添加了新内容，数据透视表则无法刷新，可以使用更改数据源功能重新选择数据源。

如图6-51所示，数据源中添加了"销售提成"列，刷新数据透视表后字段列表中仍然没有"销售提成"字段，如图6-52所示，这时候就需要更改数据源。

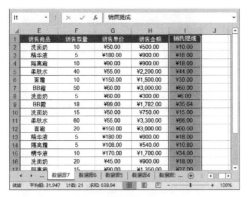

图6-51

图6-52

打开"数据透视表工具-分析"选项卡,在"数据"组中单击"更改数据源"按钮,如图6-53所示。弹出"更改数据透视表数据源"对话框,在文本框中重新选取包括新增数据在内的整个数据源区域,此时,对话框的名称会自动变为"移动数据透视表"。最后单击"确定"按钮关闭对话框,如图6-54所示。

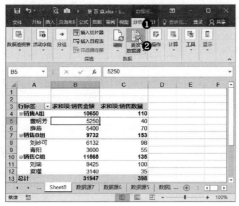

图6-53

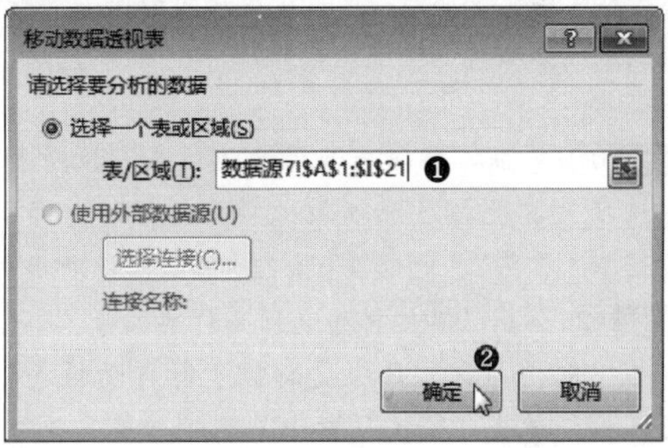

图6-54

知识延伸:数据源的选取方法

手动输入新的数据源区域,对话框名称不会变化,如果直接在"表/区域"文本框中选取新数据源区域,对话框的名称会由"更改数据透视表数据源"变成"移动数据透视表"。用户不必在意,这并不影响对数据源的更改操作。

6.3.4 数据透视表的排序功能

(1)常规排序

数据透视表中只有行字段的字段标题有排序筛选下拉按钮,用户可以借助这个按钮对数据透视表中的数据进行排序。

步骤01 单击行字段标题右侧的下拉按钮,在下拉列表中选择"其他排序选项",如图6-55所示。

步骤02 打开"排序"对话框,选中"升序排序"单选按钮,单击文本框右侧下拉按钮,在下拉列表中选择"金额"选项,如图6-56所示。

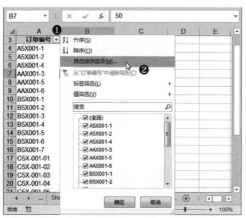

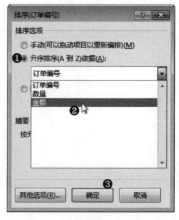

图6-55 图6-56

数据透视表中的金额数随即按照升序进行排序,如图6-57所示。

(2)多关键字排序

在普通表格中如果要对多关键字排序可以在"排序"对话框中添加次要关键字,但在数据透视表中却不能使用这种方法。下面这张数据透视表需要按照数量升序排序,数量相同时再按金额升序排序。

步骤01 单击排序筛选下拉按钮,在下拉列表中选择"其他排序选项"选项,打开"排序"对话框,单击"其他选项"按钮,如图6-58所示。

步骤02 弹出"其他排序选项(订单编号)"对话框,取消勾选"每次更新报表时自动排序"复选框。单击"确定"按钮关闭对话框,如图6-59所示。

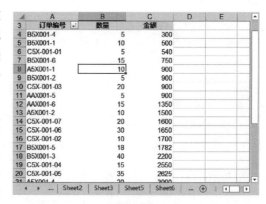

图6-57

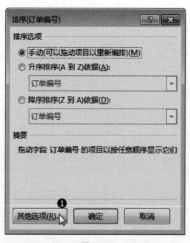

图6-58

图6-59

步骤03 返回数据透视表,右击"金额"字段,打开右键菜单选择"排序-升序"选项,如图6-60所示。

步骤04 再在"数量"字段中右击,在右键菜单中选择"排序-升序"选项,如图6-61所示。

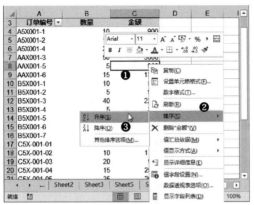

图6-60

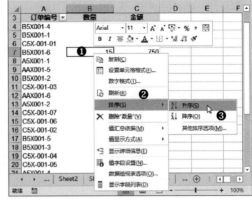

图6-61

> **技巧点拨**：实现多条件排序的关键
>
> 透视表每次排序时都会刷新排序方式，也就是每次排序都会删除之前的排序操作。取消数据透视表的自动更新排序功能，是实现多条件排序的关键。

此时数据透视表即完成了数量按升序排序，数量相同的按金额升序排序的操作，如图6-62所示。

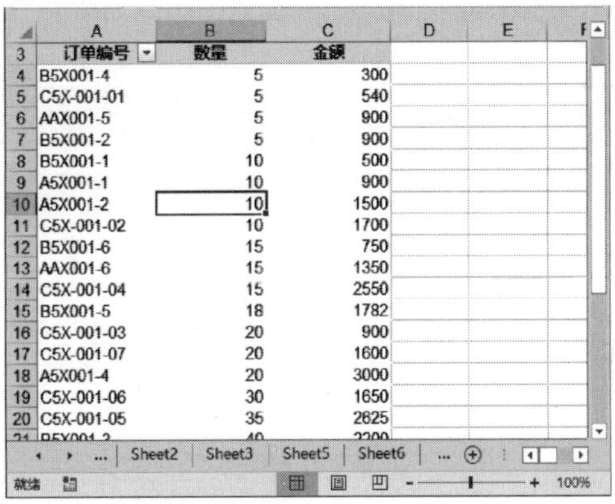

（3）手动排序

在数据不是很多的情况下，用户可以选择手动排序。所谓手动排序就是直接移动数据的位置，从而达到排序的目的。

选中需要手动排序的单元格区域，将光标放在选区的边框上，当光标变为可操作状态时向目标区域拖动鼠标，表格中会出现绿色的粗线，提示可将所选区域放置在此处，如图6-63所示。拖动到合适的位置后松开鼠标，即实现了手动排序，如图6-64所示。

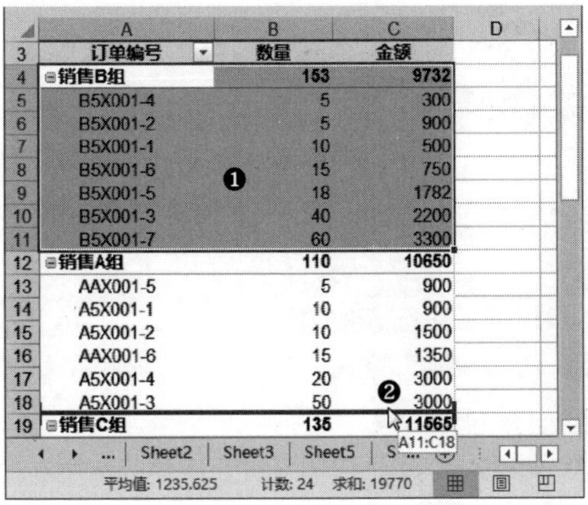

图6-62

图6-63

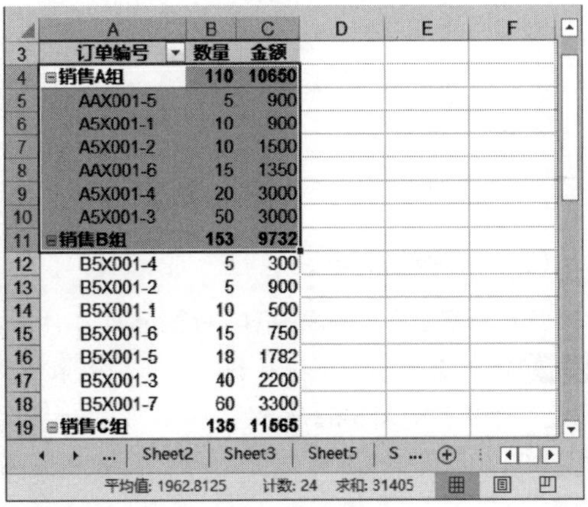

图6-64

数据透视表不仅能排序也能筛选，在数据透视表中筛选和在普通表格中筛选有很多相似的地方，筛选的方法也很多。

（1）在字段下拉列表中筛选

单击行字段标题中的下拉按钮，单击"选择字段"文本框右侧的下拉按钮，选择需要筛选的字段。此处选择"销售商品"字段，如图6-65所示。下拉列表中随即显示出销售商品字段中的所有项目，先取消"全选"复选框的勾选，再勾选上需要筛选的项目，可以同时勾选多项，最后单击"确定"按钮，如图6-66所示。

图6-65

图6-66

数据透视表随即对销售商品字段进行筛选，最终筛选出下拉列表中勾选的项目，如图6-67所示。

知识延伸：筛选器的操作方法

将需要筛选的字段添加到"筛选器"区域，在数据透视表中单击筛选字段右侧的下拉按钮可以对下拉列表中的项目进行筛选。勾选"选择多项"复选框，可以同时勾选多个项目。

图6-67

（2）精确筛选行字段

通过行字段下拉列表中的"标签选项"，用户可以对行字段进行精确的筛选。

步骤01 单击行字段下拉按钮，在下拉列表中选择"销售商品"字段。随后选择"标签筛选-结尾是"选项，如图6-68所示。

步骤02 打开"标签筛选"对话框，输入"霜"。单击"确定"按钮关闭对话框，如图6-69所示。

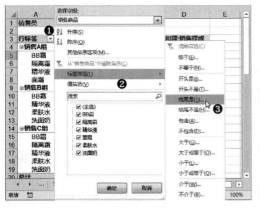

图6-68

图6-69

知识延伸： 两种布局下筛选字段的方法

用户在设计数据透视表的时候可能会使用"以大纲形式显示"或者"以表格形式显示"的布局形式，在这两种布局形式下，当数据透视表中包含多个行字段时，这些行字段是分列显示的，每个行字段的字段标题中都有下拉按钮。用户要筛选哪个字段，就单击其字段标题中的下拉按钮，后面的筛选步骤都是一样的。

数据透视表随即筛选出销售商品名称中最后一个字是"霜"的数据，如图6-70所示。

图6-70

图6-71是将数据透视表布局设置成"以表格形式显示"后的样式。这时候要筛选"销售商品"字段，直接单击"销售商品"字段标题右侧的下拉按钮即可进行筛选设置。关于数据透视表的布局，在本章后面的内容中会有详细的介绍。

图6-71

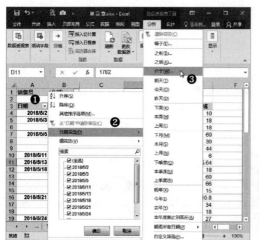

（3）日期筛选

步骤01 单击"日期"字段下拉按钮，在下拉列表中选择"日期筛选-介于"选项，如图6-72所示。

步骤02 打开"日期筛选（日期）"对话框，在文本框中输入日期，单击"确定"按钮，如图6-73所示。

图6-72　　　　　　　　　　　　　　图6-73

数据透视表随即对日期字段进行筛选，最后筛选出介于输入日期之间的所有数据，如图6-74所示。

图6-74

（4）值筛选

数据透视表中的值字段没有排序筛选下拉按钮，想要对其进行筛选也需要通过行字段标题中的下拉按钮。

步骤01 单击"销售商品"字段下拉按钮，从中选择"值筛选-大于或等于"选项，如图6-75所示。

步骤02 打开"值筛选（销售商品）"对话框，在对话框中选择需要筛选的值字段。此处选择"求和项：销售金额"，在文本框中输入"3000"，单击"确定"按钮关闭对话框，如图6-76所示。

图6-75　　　　　　　　　　　　　　图6-76

数据透视表随即筛选出销售金额大于或等于3000的数据，如图6-77所示。

图6-77

6.3.6　数据透视表和条件格式的组合应用

为报表中的数据使用条件格式可方便用户通过图案、颜色等轻松地观察数据的变化趋势，另外条件格式也能够直观地突出显示重要数据。将条件格式应用到数据透视表中可以进一步提高数据的表现能力，使数据透视表的数据分析更显优势。

在数据透视表中选中需要使用条件格式的单元格区域，打开"开始"选项卡，在"样式"组中单击"条件格式"下拉按钮，在下拉列表中选择"数据条－橙色数据条"选项。所选单元格中随即根据数值大小自动生成数据条，如图6-78所示。

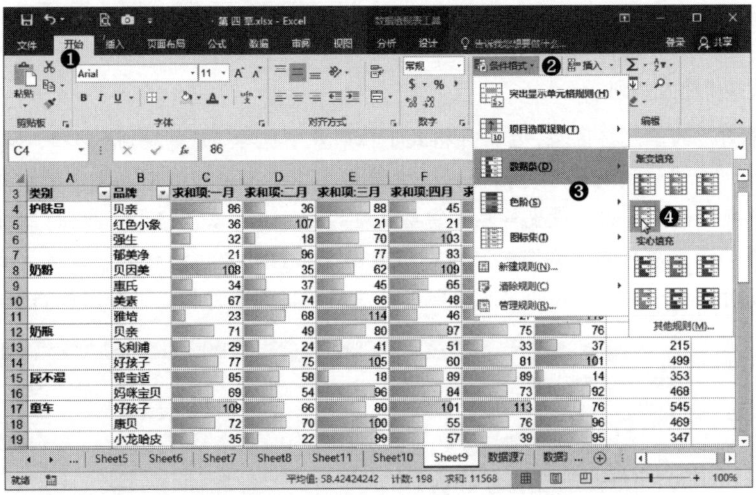

图6-78

（1）条件格式的应用

选中上半年字段中的所有数值，再次打开"条件格式"下拉列表，选择"项目选取规则－前10项"选项，如图6-79所示。在弹出的"前10项"对话框中选择合适的单元格样式，单击"确定"按钮关闭对话框，如图6-80所示。

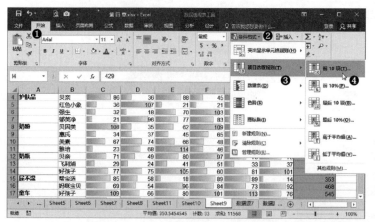

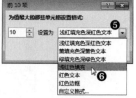

图6-79　　　　　　　　　　　　　　　图6-80

上半年字段中销售数量排在前10名的数据随即变成对话框中所选的样式，如图6-81所示。

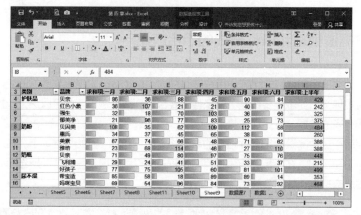

图6-81

（2）新建条件格式规则

步骤 01 选中需要的单元格区域，在条件格式下拉列表中选择"新建规则"选项，如图6-82所示。

步骤 02 打开"新建格式规则"对话框，根据需要在"选择规则类型"文本框中选择好一个选项，在"编辑规则说明"组中设置单元格需要满足的条件，单击"格式"按钮，如图6-83所示。

步骤 03 打开"设置单元格格式"对话框，设置符合条件的单元格格式。设置完成后单击"确定"按钮关闭对话框。符合条件的单元格即可以应用新建的条件格式，如图6-84所示。

图6-82

图6-83　　　　　　　　　　　图6-84

6.3.7 数据分页显示

分页显示指的是将数据透视表筛选字段中的各个项目的筛选结果分别在不同的工作表页面中显示出来。

打开"数据透视表工具－分析"选项卡，在"数据透视表"组中单击"选项"下拉按钮，选择"显示报表筛选页"选项，如图6-85所示。弹出"显示报表筛选页"对话框，如果数据透视表中只存在一个筛选字段，则直接单击"确定"按钮，如图6-86所示。如果包含多个筛选字段，要先选中想分页显示的字段。

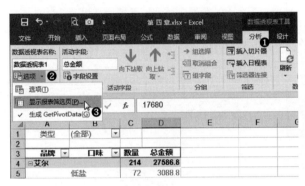

图6-85

图6-86

操作完成后，筛选字段中各个项目的筛选结果分别在不同页中显示出来，如图6-87所示。

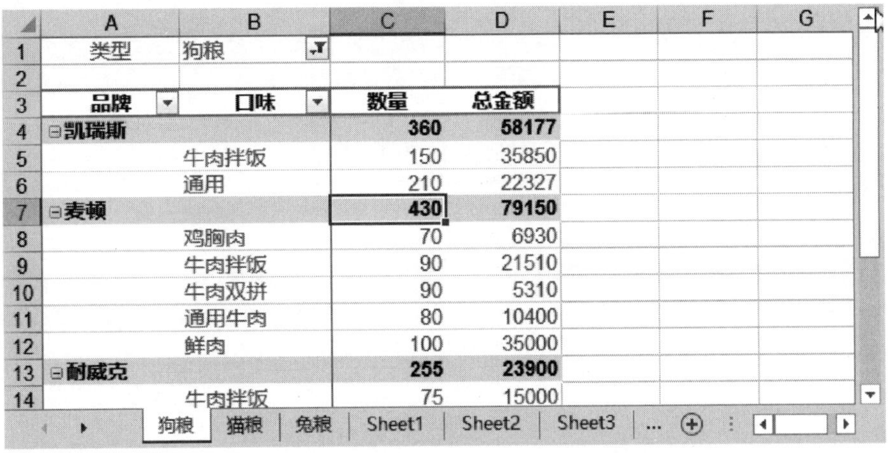

图6-87

6.3.8 不同项目分页打印

在打印数据透视表时有可能需要对行字段进行分类打印，即将各个项目分开打印在不同的纸张上，这时需要提前在每项后插入分页符。

选中"部门"字段中的任意一个单元格，打开"数据透视表工具－分析"选项卡，在"活动字段"组中单击"字段设置"按钮。打开"字段设置"对话框，切换到"布局和打印"选项卡，勾选"每项后面插入分页符"复选框，如图6-88所示，即可将部门字段分页打印。

图 6-88

知识延伸：分页添加标题

为了保证打印效果的完整，用户可以为每一页都添加标题。打开"页面布局"对话框，在"页面设置"组中单击"打印标题"按钮，打开"页面设置对话框"，将光标定位在"顶端标题行"文本框中，直接在工作表中选取数据透视表标题所在行，最后单击"确定"按钮。

6.4 数据透视表的布局

用户可以对数据透视表进行重新布局，重新布局数据透视表可以使用内置布局形式，也可以自定义布局。

6.4.1 自定义布局数据透视表

所谓自定义布局就是根据需要手动修改字段位置，用户可以启动经典数据透视表布局，然后拖动字段位置，修改数据透视表布局。

步骤 01 右击数据透视表中任意单元格，在右键菜单中选择"数据透视表选项"选项，如图6-89所示。

步骤 02 打开"数据透视表选项"对话框，打开"显示"选项卡，勾选"经典数据透视表布局"复选框，单击"确定"按钮关闭对话框，如图6-90所示。

图6-89

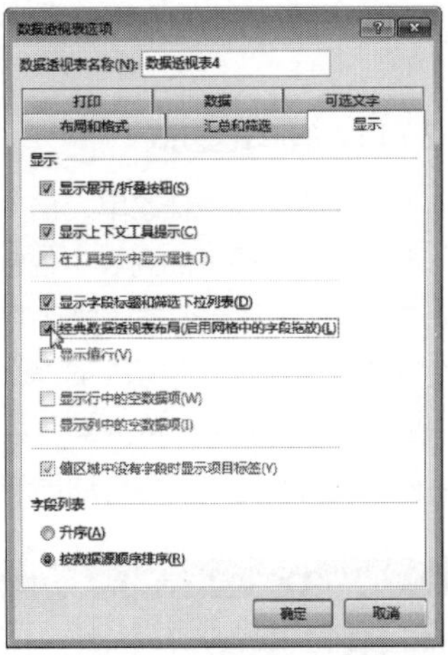

图6-90

步骤 03 数据透视表随即变成表格形式显示，以表格形式显示的数据透视表看上去行列关系更清晰。在数据透视表中选中整个字段，将光标放在选中区域的边框上，按住鼠标左键拖动鼠标可以调整字段位置，如图6-91所示。

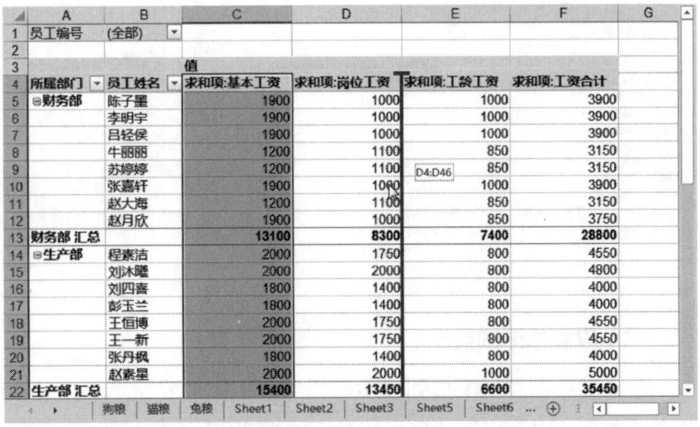

图6-91

如果觉得自定义数据透视表布局麻烦，用户可通过选项卡命令快速修改数据透视表布局。

（1）以压缩形式显示

数据透视表被创建以后，默认的布局形式是压缩形式。在压缩形式下，数据透视表中的所有行字段全部被压缩在一列中显示，如图6-92所示。

图6-92

（2）以大纲形式显示

选中数据透视表中任意单元格，打开"数据透视表–设计"选项卡，在"布局"组中单击"报表布局"下拉按钮，展开的列表中包含5个选项。其中前3个选项可以快速改变数据透视表的布局，后面2个选项用来设置是否重复显示项目标签。

选择"以大纲形式显示"选项，如图6-93所示，数据透视表的布局随即发生变化，如图6-94所示，是以大纲形式显示的效果。以大纲形式显示的数据透视表行字段不再被压缩，而是分别在不同的列中显示，所有行字段均自动显示数据源中的标题。

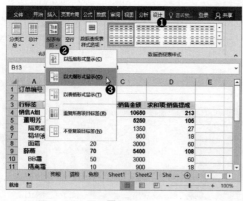

图6-93   图6-94

（3）以表格形式显示

在"报表布局"下拉列表中选择"以表格形式显示"选项，如图6-95所示，数据透视表即以表格形式显示。以表格形式显示的数据透视表以网格线突出行列关系，行字段分列显示，并且增加了分类汇总，如图6-96所示。

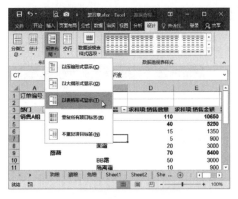

图6-95

图6-96

（4）重复所有项目标签

在"报表布局"下拉列表中选择"重复所有项目标签"选项，如图6-97所示，即可将行字段中的项目标签重复显示，如图6-98所示。如果要取消重复显示，则选择"不重复项目标签"选项。

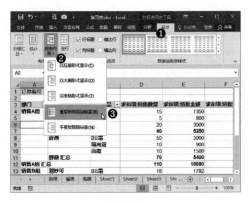

图6-97

图6-98

6.4.3 在数据透视表中显示汇总

数据透视表默认在每组的顶部显示分类汇总，在最后一行显示总计，用户可以通过设置改变汇总的位置。

（1）在组的底部显示分类汇总

选中数据透视表中任意一个单元格，打开"数据透视表工具-设计"选项卡，在"布局"组中单击"分类汇总"下拉按钮，在下拉列表中选择"在组的底部显示所有分类汇总"选项，如图6-99所示，分类汇总随即在组的底部显示，如图6-100所示。

> **知识延伸：禁止更新时自动调整列宽**
>
> 如果对数据透视表的列宽做了调整，在更改数据透视表布局或者调整分类汇总的显示后，数据透视表会自动重新调整列宽。这是因为数据透视表默认在更新时自动调整列宽。

只要打开"数据透视表选项"对话框，在"布局和格式"选项卡中取消勾选"更新时自动调整列宽"复选框，即可解决该问题。

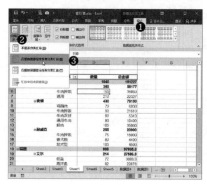

图6-99

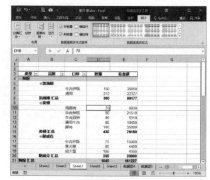

图6-100

（2）不显示分类汇总

在"分类汇总"下拉列表中选择"不显示分类汇总"选项，如图6-101所示，所有分类汇总即被隐藏，如图6-102所示。

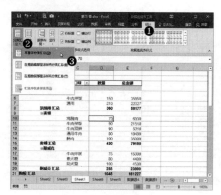

图6-101

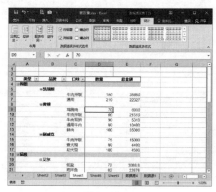

图6-102

（3）总计行的显示和隐藏

在"布局"组中单击"总计"下拉按钮，在下拉列表中选择"对行和列禁用"选项，如图6-103所示，数据透视表最下方的总计行随即被隐藏。再次打开"总计"下拉列表，选择"对行和列启用"选项即可将总计行显示出来，如图6-104所示。

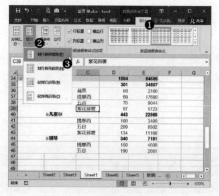

图6-103

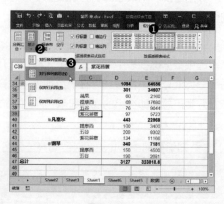

图6-104

6.5 设置数据透视表的外观

通过对数据透视表外观的设置，可以大大提高数据表的美观性。

6.5.1 套用数据透视表的样式

用户可以使用Excel内置的数据透视表样式对数据透视表进行美化。

选中任意单元格，打开"数据透视表工具－设计"选项卡，在"数据透视表样式"组中打开数据透视表样式下拉列表，将光标停留在不同样式上方可以预览到数据透视表应用这些样式的效果，如图6-105所示。单击选择一个合适的样式，数据透视表即可应用该样式，如图6-106所示。

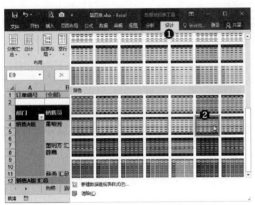

图6-105

图6-106

技巧点拨： 设置数据透视表样式的显示或隐藏

在"数据透视表样式选项"组中有4个复选框选项，通过勾选不同的复选框可以控制数据透视表样式对应效果的显示或隐藏，如图6-107所示。

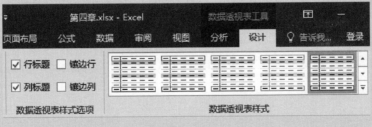

图6-107

6.5.2　自定义数据透视表样式

如果需要长期使用某种特定的数据透视表样式，而内置的数据透视表样式不能满足需求，这时用户可以自定义数据透视表样式。自定义数据透视表样式的方法和前面介绍的新建表格样式方法类似。此处只做简单介绍，详细步骤请参考第2章的2.3.3小节。

打开"数据透视表工具-设计"选项卡，在"数据透视表样式"下拉列表中选择"新建数据透视表样式"选项，如图6-108所示。打开"新建数据透视表样式"对话框，在对话框中选中第一个需要设计的表元素，单击"格式"按钮，如图6-109所示。打开"设置单元格格式"对话框，在该对话框中设置第一个表元素的字体、边框和填充效果。再选择下一个表元素选项，对话框右侧的预览区可以预览自定义的数据透视表样式。如果对哪个表元素的设计效果不满意，可以再次选中这个表元素，单击"清除"按钮将该元素的格式清除重新设计。完成所有元素的设置后单击"确定"按钮关闭"新建数据透视表样式"对话框。

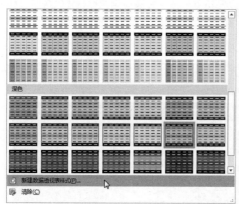

图6-108

图6-109

返回工作表后再次打开"数据透视表样式"下拉列表，在列表的最上方出现了一个"自定义"组，新建的数据透视表样式就保存在这个组中。右击自定义的数据透视表样式，在下拉列表中可以对该样式执行修改、复制、删除等操作，如图6-110所示。

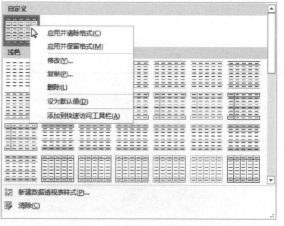

图6-110

> **技巧点拨**：清除数据透视表样式
>
> 在"数据透视表样式"下拉列表的最下方选择"清除"选项，可以清除数据透视表的样式。

6.6 数据筛选器

除了可以在排序筛选下拉列表中对数据透视表进行筛选外，还可以借助切片器和日程表等一些筛选工具来实现对数据透视表的筛选。

6.6.1 切片器的灵活应用

（1）插入切片器

步骤 01 选中数据透视表中任意单元格，打开"分析"选项卡，在"筛选"组中单击"插入切片器"按钮，如图6-111所示。

步骤 02 打开"插入切片器"对话框，勾选需要筛选的字段（可同时勾选多个字段），单击"确定"按钮，如图6-112所示。

图6-111

图6-112

步骤 03 工作表中随即插入相应字段的切片器，拖动切片器可以移动切片器的位置。当切片器中选项过多时，可以拖动切片器右侧滑块查看所有选项，如图6-113所示。

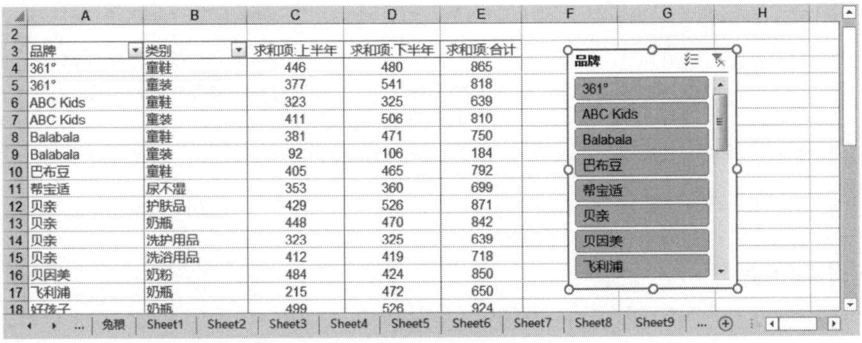

图6-113

（2）使用切片器筛选

在切片器中单击需要筛选的项目，数据透视表即可筛选出相应内容。单击切片器顶端的"多选"按钮，可以同时在筛选器中选择多个选项。单击切片器右上角的"清除筛选器"按钮可以清除筛选器上的所有筛选，如图6-114所示。

图6-114

6.6.2 切片器外观的调整

切片器的大小、样式，包括按钮大小、列数都可以修改。

（1）调整切片器大小

当选中切片器后，切片器周围会出现8个控制点。将光标移动到切片器右下角控制点上，按住鼠标左键，拖动鼠标，如图6-115所示，可等比例放大或缩小切片器，如图6-116所示。

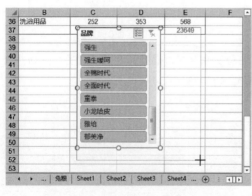

图6-115

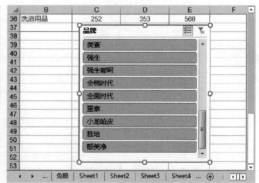

图6-116

（2）更改按钮列数

选中切片器，打开"切片器工具-选项"选项卡，在"按钮"组中的"列"文本框中输入"3"按下Enter键，切片器中的选项按钮随即变成3列显示，如图6-117所示。

在"按钮"组中还可以手动输入选项按钮的高度和宽度。

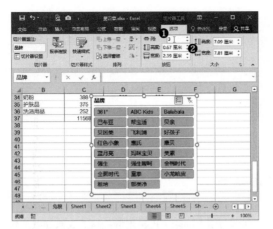

图6-117

（3）设置切片器样式

选中切片器，打开"切片器工具－选项"选项卡，在"切片器样式"组中打开切片器样式下拉列表，单击需要的样式，切片器即可应用该样式，如图6-118所示。

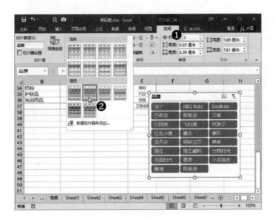

图6-118

6.7 数据透视图

数据透视图以图形的形式直观地展示数据，数据透视图和普通的图表类似，都是用数据系列、类别、坐标轴、数据标签等图表元素表现数据。

6.7.1 创建数据透视图

用户可根据数据源直接创建数据透视图，也可根据已有数据透视表创建数据透视图。

（1）根据数据源创建

步骤01 选中数据源中任意一个单元格，打开"插入"选项卡，在"图表"组中单击"数据透视图"下拉按钮，在下拉列表中选择"数据透视图"选项，如图6-119所示。

步骤02 弹出"创建数据透视图"对话框，保持对话框中的选项为默认项，直接单击"确定"按钮，如图6-120所示。

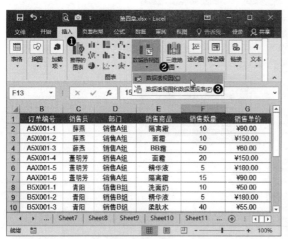

图6-119

图6-120

步骤03 Excel随即在新建工作表中创建空白数据透视表和数据透视图。向数据透视表中添加字段，数据透视图会根据数据透视表中的字段自动生成数据系列，如图6-121所示。

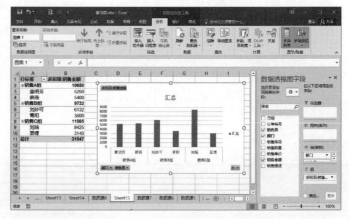

图6-121

技巧点拨：设置透视图的类型

根据数据源创建的数据透视图不能在创建之初选择图表类型，只能通过"更改图表类型"命令来更改数据透视图的类型。

（2）根据数据透视表创建

步骤 01 选中数据透视表中任意单元格，打开"数据透视表工具-分析"选项卡，在"工具"组中单击"数据透视图"按钮，如图6-122所示。

步骤 02 打开"插入图表"对话框，选择好合适的图表类型单击"确定"按钮，如图6-123所示。

图6-122

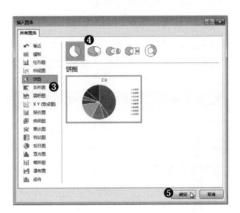

图6-123

工作表中随即插入所选数据透视图，如图6-124所示。

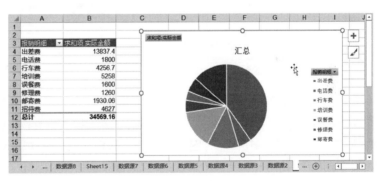

图6-124

6.7.2 编辑数据透视图

创建数据透视图后，用户还可以对它进行各项操作，例如移动数据透视表、更改数据透视表类型、重新布局数据透视表等。

（1）移动图表

选中数据透视图，在"数据透视图工具-设计"选项卡中单击"移动图表"按钮，如图6-125所示，打开"移动图表"对话框。选择"新工作表"单选按钮，Excel会自动新建一个工作表，并将数据透视表移动到其中。

如果选择"对象位于"单选按钮，单击文本框右侧下拉按钮，在下拉列表中选择工作表名称，即可将数据透视表移动到指定工作表中，如图6-126所示。

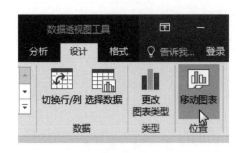

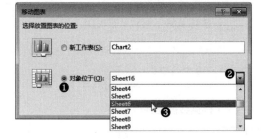

图6-125　　　　　　　　　　　　　　　　图6-126

（2）更改数据透视图类型

选中数据透视图，打开"数据透视图工具-设计"选项卡，在"类型"组中单击"更改图表类型"按钮，如图6-127所示。打开"更改图表类型"对话框，重新选择合适的图表类型，单击"确定"按钮，如图6-128所示，即可更改数据透视图类型。

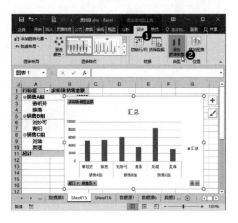

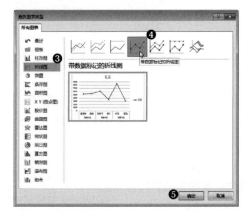

图6-127　　　　　　　　　　　　　　　　图6-128

（3）重新布局数据透视图

选中数据透视图，在"图表布局"组中单击"快速布局"下拉按钮，从中可以选择合适的布局形式，如图6-129所示。单击"添加图表元素"下拉按钮，从中可以单独设置指定图表元素的显示或隐藏，如图6-130所示。

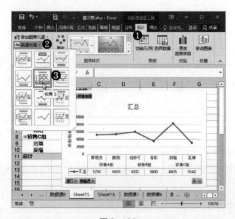

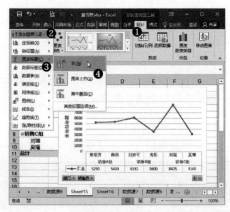

图6-129　　　　　　　　　　　　　　　　图6-130

（4）筛选数据透视图

单击数据透视图左下角字段按钮，打开排序筛选下拉列表，勾选需要筛选的项目，单击"确定"按钮，如图6-131所示，数据透视图中的数据系列随即发生变化，重新显示筛选后的图形。

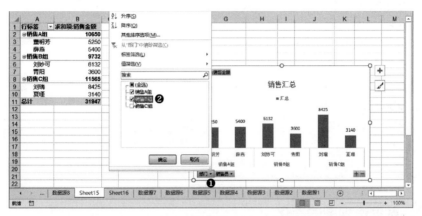

图6-131

在数据透视图中也能进行值筛选。单击字段按钮，在排序和筛选下拉列表中选择"值筛选-大于"选项，弹出"值筛选"对话框，在文本框中输入销售金额大于"5000"，单击"确定"按钮关闭对话框，如图6-132所示。

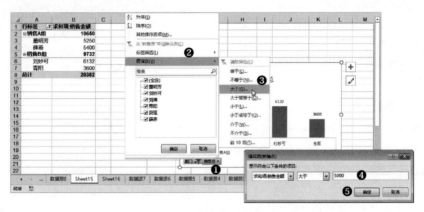

图6-132

数据透视图中的数据系列随之发生变化，筛选出销售金额大于5000的数据，如图6-133所示。

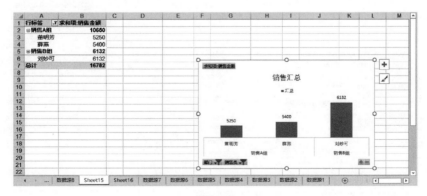

图6-133

（5）字段按钮的显示和隐藏

数据透视图中的字段按钮默认情况下是全部显示的，用户也可以将其隐藏。打开"数据透视图工具-分析"选项卡，在"显示/隐藏"组中单击"字段按钮"下拉按钮，在下拉列表中单击选项可以控制相应字段按钮的隐藏或显示，如图6-134所示。

单击"全部隐藏"选项可以将数据透视图中所有字段按钮隐藏，再次单击"全部隐藏"选项又可以将所有字段按钮重新显示出来。

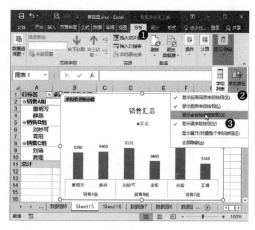

图6-134

6.7.3 数据透视图的美化

美化数据透视图可以一键完成，也可以分别对不同图表元素逐项美化。

（1）应用图表样式

选中数据透视图，打开"数据透视图工具-设计"选项卡，单击"图表样式"组中的"其他"下拉按钮，展开所有图表样式，单击需要的图表样式，数据透视图即可应用该样式，实现数据透视图的快速美化，如图6-135所示。

（2）美化图表元素

右击图表，选择"设置数据系列格式"选项，如图6-136所示。打开"设置数据系列格式"窗格，在"效果"选项卡中设置数据系列的阴影、发光、柔化边缘效果，如图6-137所示。随后切换到"填充与线条"选项卡，设置填充和边框效果，如图6-138所示。

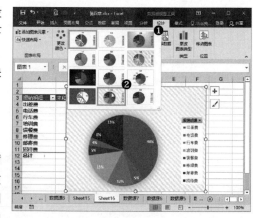

图6-135

图6-136

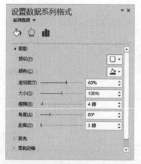

图6-137

图6-138

在电脑销售报表中添加计算项

　　本章介绍了如何使用数据透视表来对数据进行分析。读者可以按照以下要求对"电脑销售报表"中的数据添加计算项。

　　（1）打开"电脑销售报表"原始文件，创建一张数据透视表。

　　（2）选中A5单元格，使用"计算项"命令，添加"库存"计算项。

　　（3）为"库存"字段添加底纹，最后效果如图6-139所示。

行标签	求和项:数量	求和项:销量	求和项:单价	
⊟ Apple MacBook Pro	262	126	163800	
出库	55	31	46800	
入库	131	63	81900	
库存	76	32	35100	
⊟ 戴尔 灵越燃7000	260	66	42400	
出库	80	53	26500	
入库	130	33	21200	
库存	50	-20	-5300	
⊟ 华硕 五代FX80	220	58	48000	
出库	58	32	30000	
入库	110	29	24000	
库存	52	-3	-6000	
⊟ 联想 X280	352	132	84000	
出库	126	86	49000	
入库	176	66	42000	
库存	50	-20	-7000	
总计	1094	382	338200	

图6-139

用时统计：□□分钟

难点备注（在完成本练习时有哪些知识点还没有掌握，可自行记录并加以巩固）：

第7章 外部数据轻松获取

知识导读

　　用户在使用Excel处理和分析数据时，有时会遇到要对其他类型文件中的数据进行加工处理的情况。使用Excel中的导入外部数据的功能，可以指定数据或数据源所在的位置，从而在工作表中生成动态的数据表。当外部数据源发生变化时，更新工作表后，新的数据就会及时地刷新到数据表中。

思维导图

 本章教学视频数量：**2**个

7.1
获取外部数据

Excel可以与其他的外部数据库进行交互，这些外部数据包括Access数据库文件、文本文件、网站数据等。

7.1.1　导入Access数据

Access是Office的组件之一，是数据库管理系统。用户常把Access数据库中的数据作为Excel的外部数据进行处理分析。

步骤01 新建工作表，选中A1单元格，单击"数据"选项卡"获取外部数据"选项组中的"自Access"按钮，如图7-1所示。

步骤02 打开"选取数据源"对话框，从中选择"销售统计.accdb"文件，然后单击"打开"按钮，如图7-2所示。

图7-1

图7-2

步骤03 打开"导入数据"对话框，从中选择相应的选项，这里保持默认设置，单击"确定"按钮，如图7-3所示。

步骤04 返回工作表中，即可将Access数据库中的数据导入工作表中，如图7-4所示。

图7-3

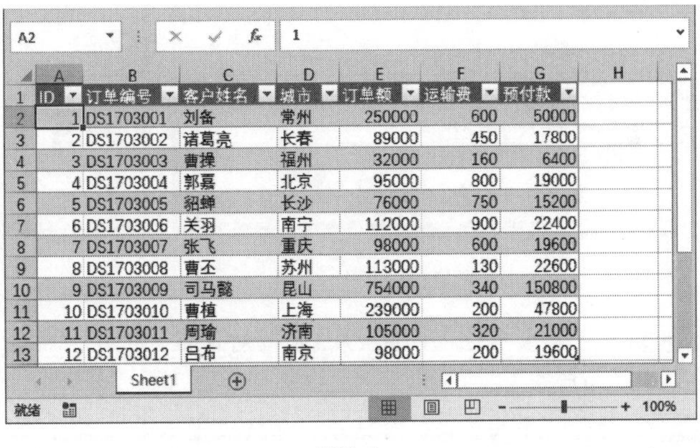

图7-4

7.1.2 导入文本数据

用户可以将外部数据保存成文本格式的文件，并且可以使用Excel的获取外部数据的功能将文本文件中的数据导入到Excel工作表中。

步骤01 新建工作表，选中A1单元格，单击"数据"选项卡"获取外部数据"选项组中的"自文本"按钮，如图7-5所示。

步骤02 打开"导入文本文件"对话框，选择"销售统计.txt"文件，单击"导入"按钮，如图7-6所示。

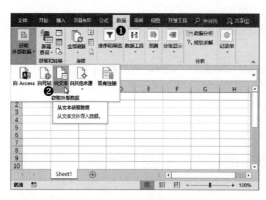

图7-5   图7-6

步骤03 打开"文本导入向导"对话框，选中"分隔符号"单选按钮，然后单击"下一步"按钮，如图7-7所示。

步骤04 打开"文本导入向导-第2步"对话框，勾选"Tab键"复选框，然后在"数据预览"区域预览数据，单击"下一步"按钮，如图7-8所示。

图7-7   图7-8

步骤05 打开"文本导入向导-第3步"对话框，选中"常规"单选按钮，然后单击"完成"按钮，如图7-9所示。

步骤06 打开"导入数据"对话框，保持设置不变，单击"确定"按钮，如图7-10所示。

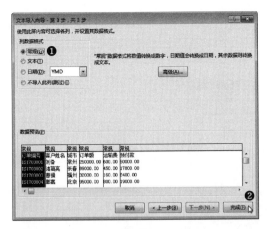

图7-9　　　　　　　　　　　　　　　　　　　图7-10

步骤 07 返回工作表中，即可将文本数据导入到Excel工作表中，如图7-11所示。

	A	B	C	D	E	F	G	H	I
1	订单编号	客户姓名	城市	订单额	运输费	预付款			
2	DS1703001	刘备	常州	250000	600	50000			
3	DS1703002	诸葛亮	长春	89000	450	17800			
4	DS1703003	曹操	福州	32000	160	6400			
5	DS1703004	郭嘉	北京	95000	800	19000			
6	DS1703005	貂蝉	长沙	76000	750	15200			
7	DS1703006	关羽	南宁	112000	900	22400			
8	DS1703007	张飞	重庆	98000	600	19600			
9	DS1703008	曹丕	苏州	113000	130	22600			
10	DS1703009	司马懿	昆山	754000	340	150800			
11	DS1703010	曹植	上海	239000	200	47800			
12	DS1703011	周瑜	济南	105000	320	21000			
13	DS1703012	吕布	南京	98000	200	19600			

图7-11

7.1.3　导入网站数据

用户还可以将网站上的数据导入到Excel工作表中。

步骤 01 新建工作表，选择A1单元格，单击"数据"选项卡"获取外部数据"选项组中的"自网站"按钮，如图7-12所示。

步骤 02 打开"新建Web查询"对话框，在"地址"文本框中输入网站地址，然后单击"转到"按钮，如图7-13所示。

图7-12　　　　　　　　　　　　　　　　　　图7-13

步骤 03 在打开的网页中，单击所需表格左上角的 ➡ 按钮，选中整个表格，然后单击"导入"按钮，如图 7-14 所示。

步骤 04 弹出"导入数据"对话框，单击"确定"按钮，即可完成导入操作，如图 7-15 所示。

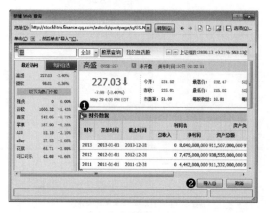

图 7-14

图 7-15

7.1.4 使用 Microsoft Query 导入外部数据

用户除了直接将 Access 数据库或文本文档中的数据导入到 Excel 中，还可以使用 Microsoft Query 导入外部数据。在这些外部数据与 Excel 之间建立用于数据"通信"的数据源，通过连接数据源将数据导入到工作表中。

步骤 01 新建工作表，选择 A1 单元格，单击"数据"选项卡中的"自其他来源"下拉按钮，从列表中选择"来自 Microsoft Query"选项，如图 7-16 所示。

步骤 02 打开"选择数据源"对话框，从中选择"MS Access Database*"选项，单击"确定"按钮，如图 7-17 所示。

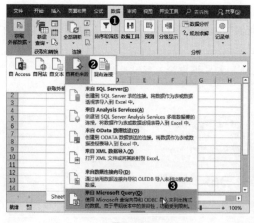

图 7-16

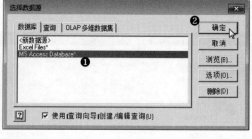

图 7-17

步骤 03 打开"选择数据库"对话框，从中选择"销售统计 .accdb"文件，然后单击"确定"按钮，如图 7-18 所示。

步骤 04 打开"查询向导-选择列"对话框，将需要的字段添加到"查询结果中的列"列表框中，单击"下一步"按钮，如图 7-19 所示。

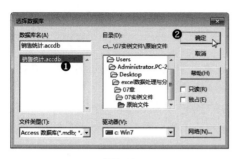

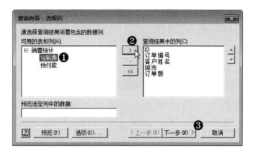

图7-18　　　　　　　　　　　　　　　　　　　　　　图7-19

步骤 05 打开"查询向导-筛选数据"对话框，这里无须筛选数据，接着单击"下一步"按钮，如图7-20所示。打开"查询向导-排序顺序"对话框，这里也不做排序操作，单击"下一步"按钮，如图7-21所示。

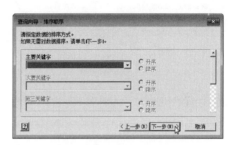

图7-20　　　　　　　　　　　　　　　　　　　　　　图7-21

步骤 06 打开"查询向导-完成"对话框，直接单击"完成"按钮，如图7-22所示。弹出"导入数据"对话框，从中选择相应的选项，单击"确定"按钮，如图7-23所示。

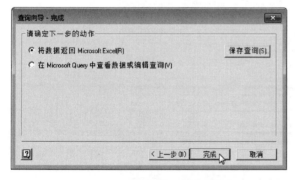

图7-22　　　　　　　　　　　　　　　　　　　　　　图7-23

步骤 07 返回工作表中，即可在Excel工作表中查看到导入的数据，如图7-24所示。

ID	订单编号	客户姓名	城市	订单额	运输费
1	DS1703001	刘备	常州	250000	600
2	DS1703002	诸葛亮	长春	89000	450
3	DS1703003	曹操	福州	32000	160
4	DS1703004	郭嘉	北京	95000	800
5	DS1703005	貂蝉	长沙	76000	750
6	DS1703006	关羽	南宁	112000	900
7	DS1703007	张飞	重庆	98000	600
8	DS1703008	曹丕	苏州	113000	130
9	DS1703009	司马懿	昆山	754000	340
10	DS1703010	曹植	上海	239000	200
11	DS1703011	周瑜	济南	105000	320
12	DS1703012	吕布	南京	98000	200

图7-24

7.1.5 使用"现有连接"导入外部数据

如果用户首次连接Access数据库或文本文档中的数据，当再次使用这些数据时，可以直接从现有的数据连接列表中获取数据，不需要进行重复添加或导入操作。

步骤01 新建工作表，单击"数据"选项卡中的"现有连接"按钮，如图7-25所示。

步骤02 打开"现有连接"对话框，从中双击需要导入的文件，然后在打开的"导入数据"对话框中单击"确定"按钮即可。此外，还可以在"现有连接"对话框中单击"浏览更多"按钮，如图7-26所示。

图7-25

图7-26

步骤03 打开"选取数据源"对话框，从中选择已经创建的数据源，然后单击"打开"按钮，如图7-27所示，从弹出的"导入数据"对话框中单击"确定"按钮即可。

图7-27

7.2 设置数据连接

在使用外部数据时，工作表与外部原始数据之间是通过数据源等方式来连接的，这样方便用户后期的处理。再次打开工作表时，此连接就会立即启动。

7.2.1 设置连接提醒

当用户打开导入文本数据后的工作表时，系统会自动弹出"安全警告 已禁用外部数据连接 启用内容"的提示，用户可根据需要取消该提示。

步骤01 用户可以直接单击"启用内容"按钮，即可启用数据连接，消除安全警告提示，如图7-28所示。

步骤02 若用户想要永久取消安全警告提示，可以执行"文件>选项"命令，如图7-29所示。

图7-28

图7-29

步骤03 打开"Excel选项"对话框，选择"信任中心"选项，然后在右侧单击"信任中心设置"按钮，如图7-30所示。

步骤04 打开"信任中心"对话框，选择"受信任位置"选项，单击"添加新位置"按钮，如图7-31所示。

图7-30

图7-31

步骤 05 打开 "Microsoft Office 受信任位置" 对话框，在 "路径" 文本框中输入受信任的文件或数据源所在位置的路径，然后单击 "确定" 按钮，如图 7-32 所示。

步骤 06 依次单击 "确定" 按钮，返回工作表中，保存工作表后再次打开工作表，安全警告提示已经取消，如图 7-33 所示。

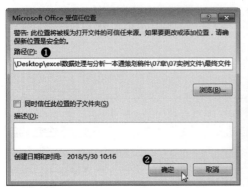

图 7-32

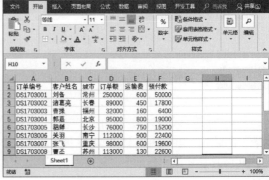

图 7-33

7.2.2 更改连接属性

在处理外部数据时，无论外部数据或数据源的位置还是文件名称发生更改，工作表和数据源之间就会产生连接错误，此时用户需要对连接属性进行更改。

步骤 01 将文件夹中的 "销售统计.accdb" 文件移动到其他位置，然后打开 "销售统计.xlsx" 工作表，单击 "数据" 选项卡中的 "全部刷新" 按钮，如图 7-34 所示。

图 7-34

步骤 02 弹出 "Microsoft Excel" 对话框，单击 "确定" 按钮，如图 7-35 所示。

图 7-35

步骤 03 打开相应的对话框，在"数据源"文本框中浏览该位置，发现原有的 Access 数据库已经被转移，单击"Cancel"按钮，如图 7-36 所示。

步骤 04 接着单击"数据"选项卡"连接"选项组中的"属性"按钮。打开"外部数据属性"对话框，从中单击"连接属性"按钮，如图 7-37 所示。

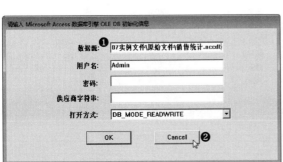

图 7-36   图 7-37

步骤 05 打开"连接属性"对话框，切换至"定义"选项卡，单击"连接文件"右侧的"浏览"按钮，如图 7-38 所示。重新选取移动后的文件，单击"打开"按钮。

步骤 06 返回到"连接属性"对话框，可以看到"连接字符串"文本框中的源文件路径已经被更改，单击"确定"按钮，如图 7-39 所示。

图 7-38   图 7-39

步骤 07 返回"外部数据属性"对话框，单击"确定"按钮，返回到工作表中。在工作表中单击鼠标右键，从弹出的快捷菜单中选择"刷新"命令，进行数据及数据位置等内容的刷新，如图 7-40 所示。

图7-40

7.2.3 断开连接

如果用户不再需要工作表与外部数据继续存在连接关系，可以执行删除外部连接操作。

步骤01 打开存在外部数据连接的工作表，单击"数据"选项卡的"连接"按钮，如图7-41所示。

步骤02 打开"工作簿连接"对话框，选择要删除的内容，单击"删除"按钮，如图7-42所示。

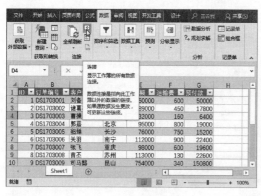

图7-41

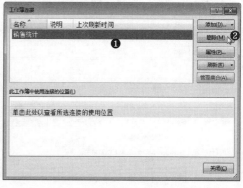

图7-42

步骤03 弹出警告对话框，单击"确定"按钮，如图7-43所示，返回到"工作簿连接"对话框，单击"关闭"按钮，即可断开工作表与外部数据之间的连接关系。

图7-43

使用PowerPivot导入数据

　　本章介绍了如何获取外部数据的一些操作方法。除了前面提到的几种获取方法外，用户还可以使用PowerPivot导入数据。

　　（1）单击"文件"选项卡，打开"选项"对话框。

　　（2）选中左侧列表中的"加载项"选项，然后在"管理"列表中选择"COM加载项"选项，单击"转到"按钮。

　　（3）在"COM加载项"对话框中勾选"Microsoft PowerPivot for Excel"复选框，单击"确定"按钮。

　　（4）在Excel的功能区中会显示"PowerPivot"选项卡。

　　（5）在该选项卡中单击"添加到数据模型"按钮，就会打开相应的用户界面。

　　（6）在该界面中，可以在"获取外部数据"选项组中根据需要选择相应的选项来获取外部数据，如图7-44所示。

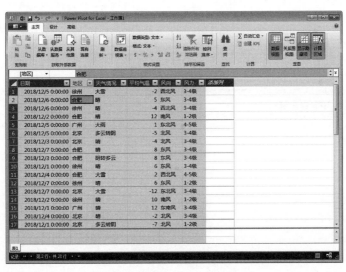

图7-44

用时统计：□□分钟

难点备注（在完成本练习时有哪些知识点还没有掌握，可自行记录并加以巩固）：

第**8**章　•必备的数据分析工具•

知识导读

　　本章主要介绍如何使用数据分析工具对数据进行分析操作。为了帮助用户进行预测分析，Excel提供了多种数据分析工具，主要包括模拟运算表、单变量求解、方案分析和审核与跟踪。通过对本章内容的学习，用户可以对数据进行更深入地分析处理，更好地将所学知识应用到工作和生活中。

思维导图

 本章教学视频数量：**4**个

8.1

单变量求解

单变量求解是解决假定一个公式要取得某一结果值，其中变量的引用单元格应取值为多少的问题。

例如，某人贷款买房子，他的月还款能力为每月3000元，在年利率为6%的情况下，贷款30年，计算此人最高能贷多少款？

步骤01 打开工作表，在工作表中输入数据，然后选中B4单元格输入公式"=PMT（B3/12，B2，B1）"，如图8-1所示，按回车键确认，计算出月还款额。

步骤02 再次选中B4单元格，单击"数据"选项卡"预测"选项组中的"模拟分析"下拉按钮，从列表中选择"单变量求解"选项，如图8-2所示。

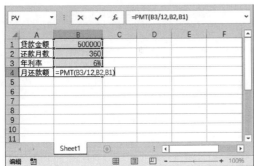

图8-1

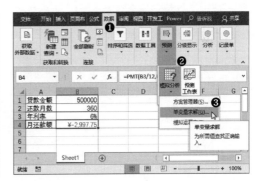

图8-2

步骤03 打开"单变量求解"对话框，在"目标单元格"编辑框中输入"B4"，在"目标值"编辑框中输入"-3000"，在"可变单元格"编辑框中输入"$B$1"，单击"确定"按钮，如图8-3所示。

步骤04 弹出"单变量求解状态"对话框，列出求解的状态，单击"确定"按钮，如图8-4所示。

图8-3

图8-4

步骤 05 返回工作表中，可以看到已经显示出求解的结果，即在每月还款3000元的情况下，最高可贷款金额为500374.8432元，如图8-5所示。

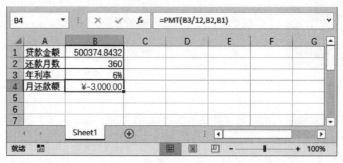

图8-5

8.2 模拟运算表

模拟运算表作为工作表的一个单元格区域，可以显示公式中某些数值的变化对计算结果的影响。运算表根据数据变量的多少，分为单变量模拟运算表和双变量模拟运算表。

8.2.1 单变量模拟运算表

单变量模拟运算表必须包括输入值和相应的结果值，并且输入值必须排在一行或者一列上。被排在一行上的输入值称为行引用，被排在一列上的输入值称为列引用。

例如，某产品的成本价是40元，厂家制定了一系列的利润率指标，随着利润率的不同，对产品的定价也会不同。现在需要计算出不同利润率下产品的定价。

步骤 01 打开工作表，根据案例在工作表中输入不同的利润率指标，如图8-6所示。

步骤 02 选中C3单元格，输入公式"=A3*（1+B3）"，如图8-7所示，按Enter键确认。

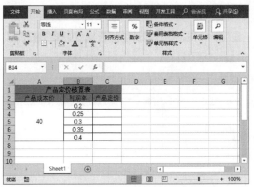
图8-6

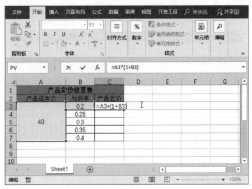
图8-7

步骤 03 选中B3:C7单元格区域，切换至"数据"选项卡，单击"预测"选项组中的"模拟分析"下拉按钮，从列表中选择"模拟运算表"选项，如图8-8所示。

步骤 04 打开"模拟运算表"对话框，在"输入引用列的单元格"编辑框中输入"$B$3"，指定"利润率"为运算的单一变量，然后单击"确定"按钮，如图8-9所示。

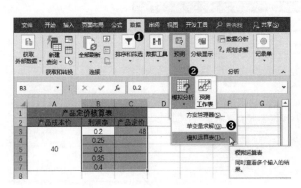
图8-8

图8-9

步骤 05 返回工作表中，已经计算出不同利润率下的产品定价，如图8-10所示。

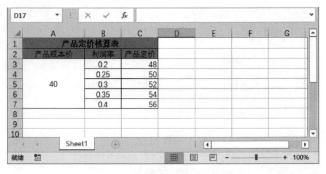

图8-10

8.2.2 双变量模拟运算表

在其他因素不变的情况下分析两个参数的变化对目标值的影响时，需要使用双变量模拟运算表。例如，计算在年利率和贷款年限同时变化时每月的还款额。

步骤 01 打开工作表，输入基本数据，选择B4单元格输入公式"=-PMT（B2/12，B3*12，B1）"，如图8-11所示，按Enter键确认，计算出月还款额。

步骤 02 选中A6单元格，输入公式"=B4"，如图8-12所示，然后按Enter键确认。

图8-11

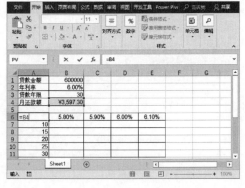

图8-12

步骤 03 选中A6:E11单元格区域，单击"数据"选项卡"预测"选项组中的"模拟分析"下拉按钮，从列表中选择"模拟运算表"选项，如图8-13所示。

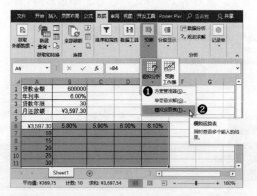

图8-13

步骤 04 打开"模拟运算表"对话框，在"输入引用行的单元格"编辑框中输入"$B$2"，在"输入引用列的单元格"编辑框中输入"$B$3"，然后单击"确定"按钮，如图8-14所示。

图8-14

步骤 05 返回工作表中，可以看到选中的区域中已经计算出了不同年利率和贷款年限下每月的还款金额，如图8-15所示。

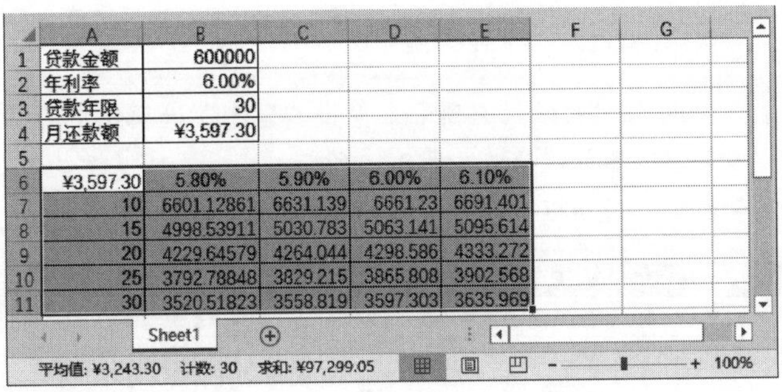

	A	B	C	D	E	F	G
1	贷款金额	600000					
2	年利率	6.00%					
3	贷款年限	30					
4	月还款额	¥3,597.30					
5							
6	¥3,597.30	5.80%	5.90%	6.00%	6.10%		
7	10	6601.12861	6631.139	6661.23	6691.401		
8	15	4998.53911	5030.783	5063.141	5095.614		
9	20	4229.64579	4264.044	4298.586	4333.272		
10	25	3792.78848	3829.215	3865.808	3902.568		
11	30	3520.51823	3558.819	3597.303	3635.969		

Sheet1

平均值: ¥3,243.30　计数: 30　求和: ¥97,299.05　　　100%

图8-15

8.3 方案分析

在决策管理中，经常需要从不同的角度来制订多种方案，不同的方案会得到不同的预测结果。用户可以在工作中创建并保存多组不同的数值，并且可以在这些新方案之间任意切换，以便查看不同的方案结果。

8.3.1 方案的创建

例如，某公司要生产一种不锈钢杯，分3种型号：大型、中型、小型。如果以单位材料成本为变量，试确定单位材料成本为9、11、13情况下的毛利率。已知单位材料成本为9时，3种型号不锈钢杯的相关数据。

步骤01 打开工作表，切换至"数据"选项卡，单击"预测"选项组中的"模拟分析"下拉按钮，从列表中选择"方案管理器"选项，如图8-16所示。

步骤02 打开"方案管理器"对话框，单击"添加"按钮，如图8-17所示。

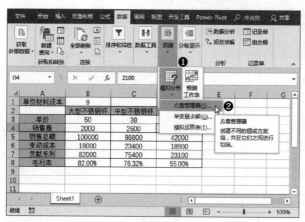

图8-16

图8-17

步骤03 打开"添加方案"对话框，在"方案名"文本框中输入"方案1"，在"可变单元格"文本框中输入"$B$1"，单击"确定"按钮，如图8-18所示。

步骤04 打开"方案变量值"对话框，保持默认状态，单击"确定"按钮，如图8-19所示。

图8-18

图8-19

步骤 05 返回"方案管理器"对话框，此时"方案1"就被添加到"方案"列表框中。再次单击"添加"按钮，按照同样的方法，添加"方案2"和"方案3"，"方案管理器"对话框中的"方案"列表框中会显示出所有添加的方案，如图8-20所示。单击"关闭"按钮，即可完成所有方案的创建。

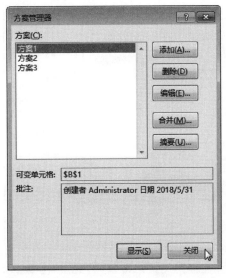

图8-20

方案创建完成后，如果用户觉得查看方案时要逐个切换不方便，还可以创建方案摘要，这样就可以同时查看各个方案的详细数据和结果。打开"方案管理器"对话框，单击"摘要"按钮，打开"方案摘要"对话框，保持默认状态，单击"确定"按钮，如图8-21所示。

返回工作表中，Excel将自动插入一个名为"方案摘要"的工作表，该工作表的行号左侧和字段的上方都会出现分级显示符号级别，用户可以单击各种分级显示符号来选择摘要的显示内容，如图8-22所示。

图8-21

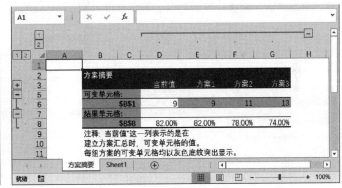

图8-22

8.3.2 方案的编辑

用户还可以根据需要对创建的方案进行修改或删除。

步骤 01 打开工作表，单击"数据"选项卡"预测"选项组中的"模拟分析"下拉按钮，从列表中选择"方案管理器"选项，打开"方案管理器"对话框，选择要修改的方案，单击"编辑"按钮，如图8-23所示。

步骤 02 打开"编辑方案"对话框，从中可以对"方案名"和"可变单元格"重新进行设置，然后单击"确定"按钮，如图8-24所示。

图8-23

图8-24

步骤03 打开"方案变量值"对话框,从中可以继续修改方案变量值,修改完成后单击"确定"按钮即可,如图8-25所示。

步骤04 如果用户想要将不需要的方案删除,可以在"方案管理器"对话框中选择要删除的方案,然后单击"删除"按钮即可,如图8-26所示。

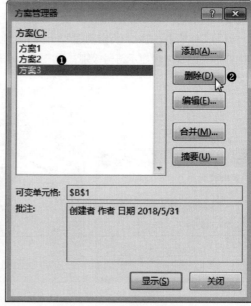

图8-26

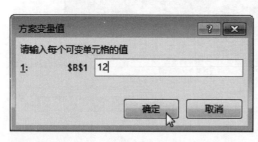

图8-25

步骤05 用户也可以随时查看模拟的数据,即在打开的"方案管理器"对话框中选择需要查看的方案,然后单击"显示"按钮即可。

8.3.3 方案的保护

创建好方案后,为了防止方案被修改,用户可以对其实施保护措施。

步骤01 打开工作表,单击"数据"选项卡中的"模拟分析"下拉按钮,从列表中选择"方案管理器"选项,如图8-27所示。

步骤 02 打开"方案管理器"对话框,在"方案"列表框中选择需要保护的方案,单击"编辑"按钮,如图8-28所示。

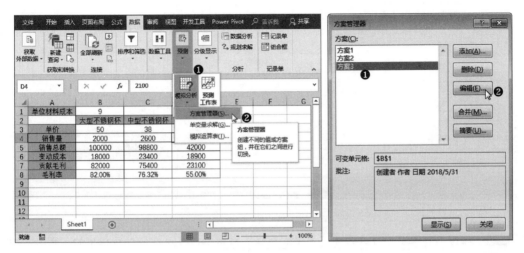

图8-27   图8-28

步骤 03 打开"编辑方案"对话框,在"保护"选项区勾选"防止更改"复选框,单击"确定"按钮,如图8-29所示。

步骤 04 打开"方案变量值"对话框,单击"确定"按钮,返回"方案管理器"对话框。按照同样的方法,对其他方案进行操作,然后单击"关闭"按钮,如图8-30所示。

图8-29

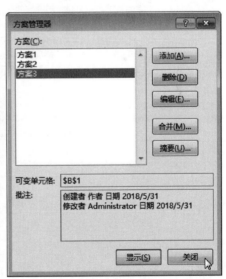

图8-30

步骤 05 返回工作表中,单击"审阅"选项卡"保护"选项组中的"保护工作表"按钮,如图8-31所示。

步骤 06 打开"保护工作表"对话框,在"允许此工作表的所有用户进行"列表框中取消"编辑方案"复选框的勾选,单击"确定"按钮,如图8-32所示。

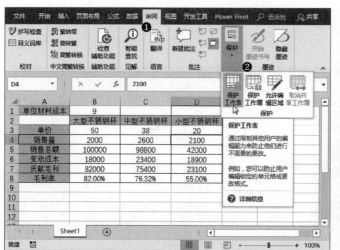

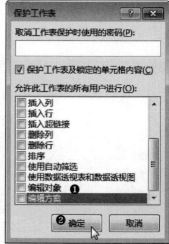

图 8-31

图 8-32

步骤 07 返回工作表中，再次打开"方案管理器"对话框，可以看到对话框中的"删除"和"编辑"按钮呈灰色不可用状态，如图 8-33 所示。

图 8-33

8.4 审核与跟踪

如果用户需要查看某个单元格中的数据与其他单元格数据之间的关系，可以使用追踪引用单元格和追踪从属单元格功能，这对检查公式中的错误也有很大的帮助。

8.4.1 追踪引用单元格

追踪引用单元格可以用箭头将计算公式结果所引用的所有单元格标记出来，但它只适用包含公式的单元格。

步骤 01 打开工作表，选择需要追踪引用的B10单元格，单击"公式"选项卡"公式审核"选项组中的"追踪引用单元格"按钮，如图8-34所示。

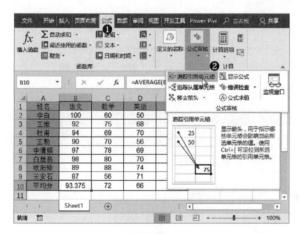

图8-34

步骤 02 返回工作表中，可以看到蓝色线条选中引用的单元格区域，同时箭头指向B10单元格，如图8-35所示。

图8-35

8.4.2 追踪从属单元格

从属单元格是指对受指定单元格影响的单元格进行追踪，它适用所有的单元格。

步骤01 打开工作表，选择B2单元格，单击"公式"选项卡"公式审核"选项组中的"追踪从属单元格"按钮，如图8-36所示。

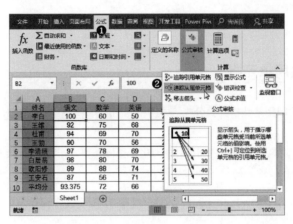

图8-36

步骤02 返回工作表中，可以看到箭头指向引用了B2单元格数据的E2和B10单元格，如图8-37所示。

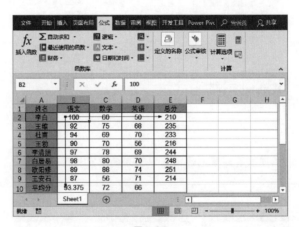

图8-37

制作九九乘法表

本章介绍了一些常用的数据模拟分析工具。下面使用双变量模拟运算来制作一张九九乘法表。

（1）新建一个工作表，在B1:J1单元格区域中输入数字1～9，一个单元格一个数字。

（2）按照同样的方法，在A2：A10单元格区域中同样输入数字1～9。

（3）选中A1单元格，输入"=A11&"*"&A12&"="&A11*A12"公式，得出"*=0"。

（4）选中A1:J10单元格区域，打开"模拟运算表"对话框，将"输入引用行的单元格"引用为A12单元格，将"输入引用列的单元格"引用为A11单元格。

（5）单击"确定"按钮，得出运算结果。

（6）打开"条件格式"选项卡"新建规则"对话框，选中"使用公式确定要设置格式的单元格"选项，并输入"=ROW（）>=COLUMN（）"公式。单击"格式"按钮，设置表格边框线，单击"确定"按钮。

（7）将边框线之外的数字颜色设为白色，将其隐藏，最终效果如图8-38所示。

	A	B	C	D	E	F	G	H	I	J
1										
2		1*1=1								
3		2*1=2	2*2=4							
4		3*1=3	3*2=6	3*3=9						
5		4*1=4	4*2=8	4*3=12	4*4=16					
6		5*1=5	5*2=10	5*3=15	5*4=20	5*5=25				
7		6*1=6	6*2=12	6*3=18	6*4=24	6*5=30	6*6=36			
8		7*1=7	7*2=14	7*3=21	7*4=28	7*5=35	7*6=42	7*7=49		
9		8*1=8	8*2=16	8*3=24	8*4=32	8*5=40	8*6=48	8*7=56	8*8=64	
10		9*1=9	9*2=18	9*3=27	9*4=36	9*5=45	9*6=54	9*7=63	9*8=72	9*9=81
11										

图8-38

用时统计：□□分钟

难点备注（在完成本练习时有哪些知识点还没有掌握，可自行记录并加以巩固）：

第 **9** 章　● 进销存系统数据管理 ●

知识导读

　　进销存管理又称为购销链管理，"进"是指询价、采购到入库与付款的过程；"销"是指报价、销售到出库与收款的过程；"存"是指出入库之外，包括领料、退货、盘点、报损报溢、借出、调拨等影响库存数量的动作。采购是企业运作的第一步，采购成本的多少直接影响企业的利润。销售是企业运作的第二步，只有把生产的商品销售出去，企业才会获得利润，而存货管理对采购和销售来说也至关重要。

思维导图

9.1 采购数据管理

采购管理是从计划下达、采购单生成、采购单执行、到货接收、检验入库、采购发票收集到采购结算的采购活动全过程，企业需要通过不断地采购相关原材料来保障企业稳定运营。

9.1.1 采购申请单

采购申请单包括申请单基本信息与采购物品基本信息，填写完成后需要通过审批才能进行下一步采购。

（1）设置申请单格式

创建采购申请单时首先要填写申请单的基本信息，然后再设置格式。

步骤01 新建一个名为"采购申请单"的工作表，在工作表中输入相关内容，如图9-1所示。

步骤02 选中A3:J11单元格区域，单击"边框"按钮，选择"所有框线"选项，如图9-2所示。

图9-1

图9-2

步骤03 选中A1:J1单元格区域，单击"合并后居中"按钮，从列表中选择"合并后居中"选项，如图9-3所示。

步骤04 设置表格标题的字体格式，然后适当调整列宽，如图9-4所示。

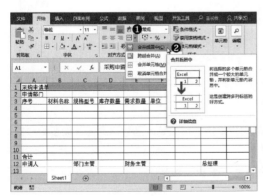

图9-3

图9-4

步骤 05 选中A3:J12单元格区域，在"开始"选项卡的"对齐方式"选项组中，单击"居中"和"垂直居中"按钮，设置文本的对齐方式，如图9-5所示。

步骤 06 选中G4:G11单元格区域，按Ctrl+1组合键，打开"设置单元格格式"对话框，在"分类"列表框中选择"货币"选项，然后设置"小数位数"为"2"，单击"确定"按钮，如图9-6所示。

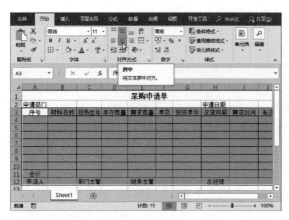

图9-5

图9-6

步骤 07 选中I4:I11单元格区域，单击"数字格式"右侧下拉按钮，从列表中选择"短日期"选项，如图9-7所示。

步骤 08 选中A4:A10单元格区域，打开"设置单元格格式"对话框，在"分类"列表框中选择"自定义"选项，然后在"类型"文本框中输入"00#"，单击"确定"按钮，如图9-8所示，即可将选中区域设置为以0开头的数据。

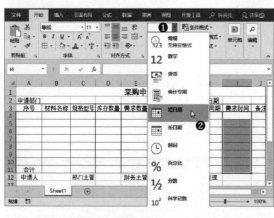

图9-7

图9-8

（2）添加表格内数据

表格框架创建完成后，接下来需要输入一些基本信息。用户可以输入函数自动计算需要的数据，也可以设置数据的输入范围。

步骤 01 输入基本信息，然后选中B2单元格，切换至"数据"选项卡，单击"数据工具"选项组中的"数据验证"按钮，如图9-9所示。

步骤 02 打开"数据验证"对话框，在"设置"选项卡中单击"允许"下拉按钮，从列表中选择"序列"选项，然后在"来源"文本框中输入"销售部，财务部，人事部，研发部"字样，如图9-10所示。

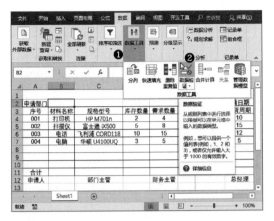 

图9-9　　　　　　　　　　　　　　　　　　　　图9-10

步骤 03 切换至"输入信息"选项卡，在"标题"和"输入信息"文本框中输入内容，然后单击"确定"按钮，如图9-11所示。

步骤 04 选中I2单元格，输入公式"=TODAY（）"，如图9-12所示，然后按Enter键执行计算。

 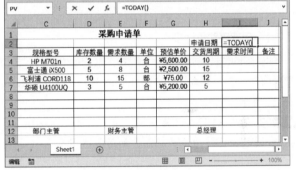

图9-11　　　　　　　　　　　　　　　　　　　图9-12

步骤 05 选中I4单元格，输入公式"=IF（H4=0，""，TODAY（）+H4）"，如图9-13所示，然后按Enter键确认，计算出需求时间。

步骤 06 再次选中I4单元格，将鼠标光标移至单元格右下角，当光标变为十字形时，按住鼠标左键不放，向下拖动鼠标填充公式，如图9-14所示。

图9-13　　　　　　　　　　　　　　　　　　　图9-14

步骤 07 选中B11单元格，输入公式"=SUMPRODUCT（G4:G10*E4:E10）"，如图9-15所示，然后按Enter键确认，计算出申请采购的总金额。

步骤 08 最后设置数字格式，合并单元格即可，如图9-16所示。

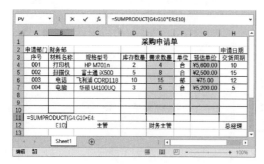

图9-15

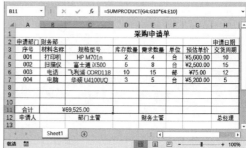

图9-16

9.1.2 采购统计表

公司根据需要采购产品后，要对产品进行登记汇总，将采购明细统计出来，这就需要制作采购统计表。

（1）创建采购统计表

创建采购统计表时，为了确保输入数据的准确性，可以使用数据验证功能来限制数据的输入。

步骤 01 创建一个名为"采购统计表"的工作表，设置标题和列标题，并为表格添加边框，如图9-17所示。

步骤 02 选中A1:I2单元格区域，单击"开始"选项卡中"填充颜色"右侧下拉按钮，从列表中选择合适的颜色作为底纹颜色，如图9-18所示。

图9-17

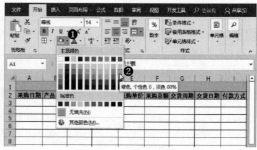

图9-18

步骤 03 选择A3:A15和H3:H15单元格区域，然后单击鼠标右键，从弹出的快捷菜单中选择"设置单元格格式"命令，如图9-19所示。

步骤 04 打开"设置单元格格式"对话框，在"分类"列表框中选择"日期"选项，然后在右侧选择合适的类型，单击"确定"按钮，如图9-20所示。

图9-19 图9-20

步骤 05 选中E3:F15单元格区域，单击"开始"选项卡"数字"选项组中的"数字格式"右侧下拉按钮，从列表中选择"货币"选项，如图9-21所示。

步骤 06 选中D3:D15单元格区域，单击"数据"选项卡"数据工具"选项组中的"数据验证"按钮，如图9-22所示。

图9-21 图9-22

步骤 07 打开"数据验证"对话框，在"设置"选项卡中单击"允许"下拉按钮，从列表中选择"整数"选项，设置"数据"为"大于"，"最小值"为"0"，如图9-23所示。

步骤 08 在"输入信息"选项卡中输入"标题"和"输入信息"相关内容，如图9-24所示。

图9-23 图9-24

步骤 09 切换至"出错警告"选项卡，在"样式"下拉列表中选择"停止"，然后在"标题"和"错误信息"文本框中输入内容，单击"确定"按钮即可，如图9-25所示。

步骤 10 返回工作表，选中设置单元格区域的任意单元格，出现提示信息，输入错误的数据时会弹出提示对话框，提示输入有误，如图9-26所示。

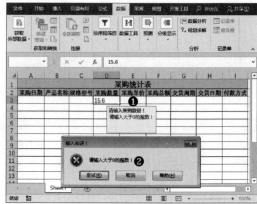

图9-25   图9-26

步骤 11 选中F3单元格，输入公式"=IF（AND（D3〈〉"",E3〈〉""），E3*D3,""）"，如图9-27所示，然后按Enter键确认，并将公式填充到F15单元格，计算采购总额。

步骤 12 选中H3单元格，输入公式"=IF（AND（A3〈〉"", G3〈〉""），A3+G3，""）"，如图9-28所示，然后按Enter键确认，并将公式填充到H15单元格，计算交货日期。

图9-27   图9-28

步骤 13 在第3行中输入采购数据，然后单击"数据"选项卡中的"记录单"按钮，如图9-29所示。

步骤 14 打开对话框，从中可以看到刚才输入的信息，然后单击"下一条"按钮，如图9-30所示。

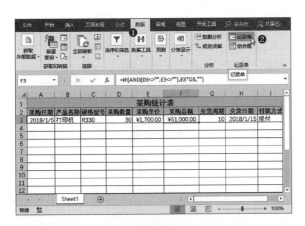

图9-29 図9-30

步骤15 打开空白记录单，然后逐一在相应位置输入信息，如图9-31所示。

步骤16 按照同样的方法输入所有采购信息，输入完成后单击"关闭"按钮，返回工作表中，查看输入的信息，如图9-32所示。

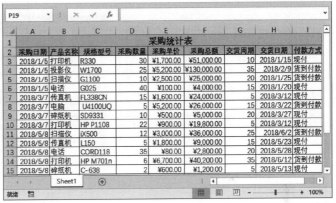

图9-31 图9-32

（2）统计表的排序和筛选

创建好采购统计表后，用户还可以对统计表进行排序和筛选操作。

步骤01 排序操作。打开工作表，选中表格中任意单元格，单击"数据"选项卡"排序和筛选"选项组中的"排序"按钮，如图9-33所示。

步骤02 打开"排序"对话框，设置"主要关键字"和"次要关键字"，然后单击"确定"按钮，如图9-34所示。

图9-33 图9-34

步骤03 返回工作表中，可以看到表格中的数据已经按"产品名称"和"采购总额"升序排序了，如图9-35所示。

步骤04 选中表格中任意单元格，单击"数据"选项卡中的"筛选"按钮，如图9-36所示。

图9-35

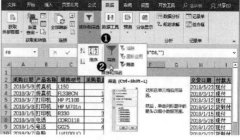

图9-36

步骤05 进入筛选模式，单击"产品名称"右侧下拉按钮，从列表中取消对"全选"的勾选，然后选择"打印机"复选框，单击"确定"按钮，如图9-37所示。

步骤06 返回工作表中，已经将"打印机"的信息筛选出来，如图9-38所示。

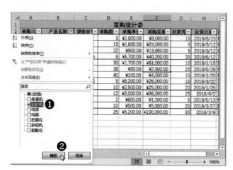

图9-37

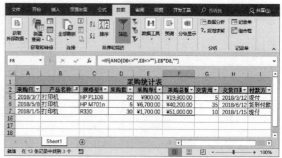

图9-38

步骤07 如果想要清除筛选，可以单击"数据"选项卡中的"清除"按钮即可，如图9-39所示。

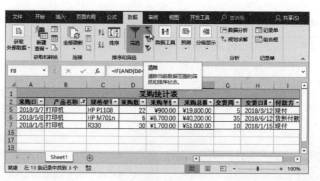

图9-39

9.1.3 分析采购成本

采购成本是指与采购原材料部件相关的物流费用，包括采购订单费用、采购计划制订人员的管理费用、采购人员管理费用等，采购成本直接关系着公司的利润。

（1）创建采购成本图表

用户可以创建采购成本图表，使采购成本数据更加直观地展示出来。

步骤 01 打开工作表，选中数据区域内的任意单元格，单击"插入"选项卡中的"插入饼图"按钮，从列表中选择"饼图"选项，如图9-40所示。

步骤 02 在工作表中插入一个饼图，输入图表标题，查看创建的饼图，如图9-41所示。

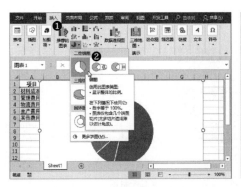

图9-40

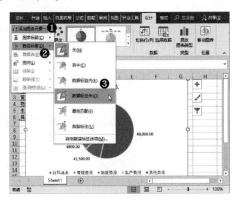

图9-41

步骤 03 选中图表，单击"图表工具-设计"选项卡中的"添加图表元素"按钮，从列表中选择"数据标签-数据标签外"选项，如图9-42所示。

步骤 04 如果想要知道各费用所占的比例，可以在列表中选择"其他数据标签选项"选项，如图9-43所示。

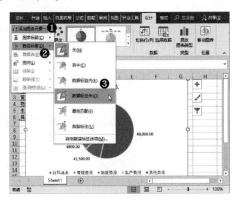

图9-42

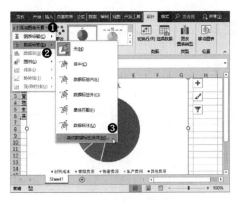

图9-43

步骤 05 打开"设置数据标签格式"窗格，在"标签选项"组中勾选"类别名称"和"百分比"复选框，取消"值"复选框的勾选，如图9-44所示。

步骤 06 在"标签位置"组中选中"数据标签内"单选按钮，如图9-45所示。

图9-44

图9-45

步骤 07 设置完成后关闭窗格，返回工作表中，查看设置标签的效果，如图9-46所示。

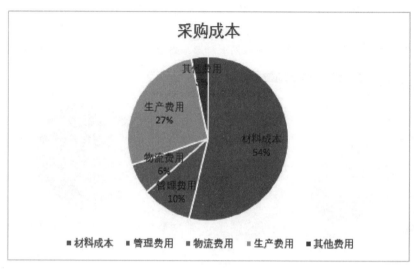

图9-46

（2）美化采购成本图表

采购成本图表创建完成后，可以对其进行适当地美化。

步骤 01 选中图表，单击"图表工具-设计"选项卡"图表样式"选项组的"其他"按钮，从列表中选择"样式4"选项，如图9-47所示。

步骤 02 单击"更改颜色"按钮，从列表中选择合适的颜色，如图9-48所示。

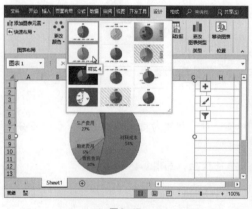

图9-47

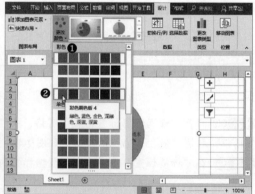

图9-48

步骤 03 切换至"图表工具-格式"选项卡，单击"形状样式"选项组的"其他"按钮，从列表中选择合适的样式，如图9-49所示。

步骤 04 单击"形状轮廓"按钮，从列表中选择"虚线"选项，然后从其级联菜单中选择"长划线-点"，如图9-50所示。

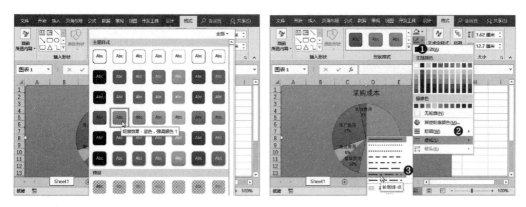

图9-49   图9-50

步骤05 再次单击"形状轮廓"按钮,从列表中选择"粗细"选项,并从其级联菜单中选择"3磅",如图9-51所示。

步骤06 单击"形状效果"按钮,从列表中选择"预设"选项,并从其级联菜单中选择合适的效果,如图9-52所示。

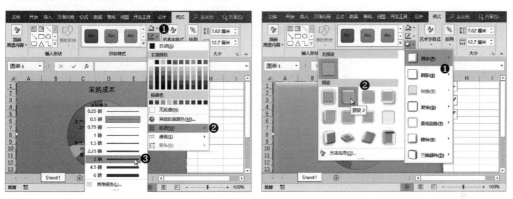

图9-51   图9-52

步骤07 最后设置图表标题的字体格式,查看最终效果,如图9-53所示。

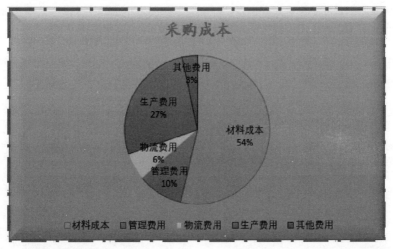

图9-53

9.2 销售数据管理

销售管理是对一定期间内的销售数据进行统计和分析，为管理者制定销售策略提供决策依据。

9.2.1 创建销售统计表

销售统计表用来记录公司销售数据，通常情况下，公司以流水账的形式记录销售情况。

步骤01 打开工作表，输入标题和列标题，并设置其格式，然后为表格添加边框，如图9-54所示。

步骤02 选中A3:A17单元格区域，单击"数据"选项卡"数据工具"选项组中的"数据验证"按钮，如图9-55所示。

图9-54

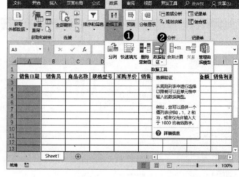

图9-55

步骤03 打开"数据验证"对话框，在"设置"选项卡中单击"允许"下拉按钮，从列表中选择"日期"选项，然后设置"数据"为"大于或等于"，并在"开始日期"文本框中输入公式，如图9-56所示。

步骤04 切换至"出错警告"选项卡，在"样式"下拉列表中选择"停止"选项，并在"标题"和"错误信息"文本框中输入内容，单击"确定"按钮，如图9-57所示。

图9-56

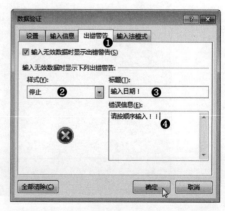

图9-57

步骤 05 保持数据区域为选中状态，切换至"开始"选项卡，单击"数字格式"右侧下拉按钮，从列表中选择"短日期"选项，如图9-58所示。

步骤 06 选择E3:F17和H3:I17单元格区域，按Ctrl+1组合键，打开"设置单元格格式"对话框，在"分类"列表中选择"货币"选项，设置"小数位数"为"2"，单击"确定"按钮，如图9-59所示。

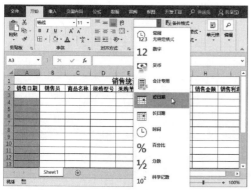

图9-58

图9-59

步骤 07 选中H3单元格，输入公式"=IF（AND（F3〈〉""，G3〈〉""），F3*G3，""）"，按Enter键确认，并将公式填充到H17单元格，计算销售金额，如图9-60所示。

步骤 08 选中I3单元格，输入公式"=IF（AND（E3〈〉""，F3〈〉""，G3〈〉""），（F3-E3）*G3，""）"，按Enter键确认，然后将公式填充到I17单元格，计算销售利润，如图9-61所示。

图9-60

图9-61

步骤 09 输入销售产品的明细数据，查看输入后的结果，如图9-62所示。

9.2.2 销售数据分析

销售统计表创建完成后，用户可以通过排序、分类汇总等方法，分析销售数据。

（1）使用分类汇总分析销售数据

在销售统计表中，按"商品名称"进行分类汇总。

	A	B	C	D	E	F	G	H	I
1				销售统计表					
2	销售日期	销售员	商品名称	规格型号	采购单价	销售单价	销售数量	销售金额	销售利润
3	2018/2/14	曹操	电视机	TX85A	¥6,000.00	¥7,000.00	15	¥105,000.00	¥15,000.00
4	2018/2/14	刘备	电冰箱	BCD-632WD11HAP	¥4,000.00	¥4,500.00	9	¥40,500.00	¥4,500.00
5	2018/2/14	关羽	空调	KFR-35GW	¥3,500.00	¥4,000.00	15	¥60,000.00	¥7,500.00
6	2018/2/14	张飞	洗衣机	G100818BG	¥2,000.00	¥2,500.00	25	¥82,500.00	¥12,500.00
7	2018/3/8	曹植	电视机	V8E	¥4,000.00	¥4,900.00	20	¥98,000.00	¥18,000.00
8	2018/3/8	曹丕	洗衣机	LG WD-T14410DL	¥3,000.00	¥3,900.00	9	¥35,100.00	¥8,100.00
9	2018/3/8	曹操	电冰箱	KA92NV02TI	¥6,000.00	¥6,400.00	20	¥128,000.00	¥8,000.00
10	2018/3/8	刘备	空调	KFR-50LW	¥5,000.00	¥5,900.00	11	¥64,900.00	¥9,900.00
11	2018/4/1	诸葛亮	洗衣机	EG8014HB39GU1	¥2,500.00	¥3,000.00	15	¥45,000.00	¥7,500.00
12	2018/4/1	周瑜	电视机	X9000E	¥7,000.00	¥7,500.00	10	¥75,000.00	¥5,000.00
13	2018/4/1	黄盖	空调	KFR-72LW	¥3,000.00	¥3,900.00	30	¥90,000.00	¥30,000.00
14	2018/4/1	司马懿	电冰箱	BCD-331WDGQ	¥3,000.00	¥3,900.00	12	¥46,800.00	¥10,800.00
15	2018/5/1	夏侯淳	洗衣机	XQG80-10D08W	¥1,900.00	¥2,800.00	26	¥72,800.00	¥23,400.00
16	2018/5/1	诸葛亮	空调	KF-32GW	¥1,000.00	¥1,900.00	35	¥66,500.00	¥31,500.00
17	2018/5/1	周瑜	电视机	55S8	¥10,000.00	¥12,000.00	5	¥60,000.00	¥10,000.00

图9-62

步骤01 打开工作表，选中"商品名称"列任意单元格，单击"数据"选项卡"排序和筛选"选项组中的"升序"按钮，如图9-63所示。

步骤02 排序后单击"分级显示"选项组中的"分类汇总"按钮，如图9-64所示。

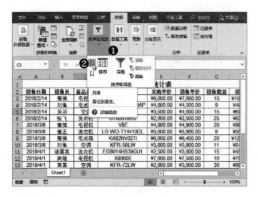

图9-63

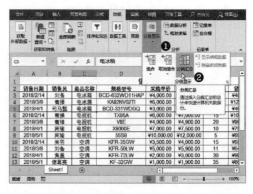

图9-64

步骤03 打开"分类汇总"对话框，设置"分类字段"为"商品名称"，"汇总方式"为"求和"，在"选定汇总项"列表框中勾选"销售利润"复选框，单击"确定"按钮，如图9-65所示。

步骤04 返回工作表中，可以看到已经对"商品名称"进行了分类汇总，如图9-66所示。

图9-65

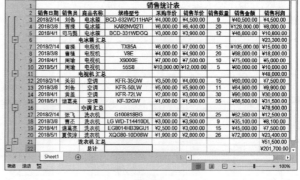

图9-66

（2）使用数据透视表分析销售数据

用户还可以使用数据透视表分析销售数据，也可以创建数据透视图，使数据更加完美地呈现出来。

步骤01 打开工作表，选中表格中任意单元格，单击"插入"选项卡"表格"选项组中的"数据透视表"按钮，如图9-67所示。

步骤02 打开"创建数据透视表"对话框，保持"表/区域"设置不变，然后单击"确定"按钮，如图9-68所示。

步骤03 创建一个空白数据透视表，并打开"数据透视表字段"窗格，在"选择要添加到报表的字段"列表框中，将"销售员"和"商品名称"字段拖至"行"区域，将"销售单价""销售数量""销售金额"和"销售利润"字段拖至"值"区域，如图9-69所示。

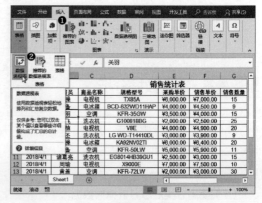

图9-67

图9-68

图9-69

步骤04 设置完成后关闭"数据透视表字段"窗格，然后单击"数据透视表工具-设计"选项卡中的"分类汇总"按钮，从列表中选择"在组的底部显示所有分类汇总"选项，如图9-70所示。

步骤05 单击"报表布局"按钮，从列表中选择"以表格形式显示"选项，如图9-71所示。

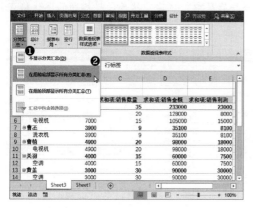

图9-70

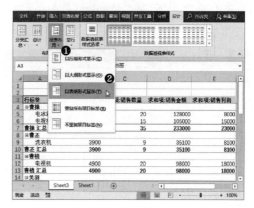

图9-71

步骤06 设置好数据透视表的布局后，查看最终效果，如图9-72所示。

	销售员	商品名称	求和项:销售单价	求和项:销售数量	求和项:销售金额	求和项:销售利润
4	⊟曹操	电冰箱	6400	20	128000	8000
5		电视机	7000	15	105000	15000
6	曹操 汇总		13400	35	233000	23000
7	⊟曹丕	洗衣机	3900	9	35100	8100
8	曹丕 汇总		3900	9	35100	8100
9	⊟曹植	电视机	4900	20	98000	18000
10	曹植 汇总		4900	20	98000	18000
11	⊟关羽	空调	4000	15	60000	7500
12	关羽 汇总		4000	15	60000	7500
13	⊟黄盖	空调	3000	30	90000	30000
14	黄盖 汇总		3000	30	90000	30000
15	⊟刘备	电冰箱	4500	9	40500	4500
16		空调	5900	11	64900	9900
17	刘备 汇总		10400	20	105400	14400
18	⊟司马懿	电冰箱	3900	12	46800	10800
19	司马懿 汇总		3900	12	46800	10800
20	⊟夏侯淳	洗衣机	2800	26	72800	23400
21	夏侯淳 汇总		2800	26	72800	23400

图9-72

9.3 库存数据管理

库存管理是指在物流过程中商品数量的管理。通过对仓库、货位等账务及出入库单据进行管理，可以及时反映各种物资的仓储、流向情况，为生产管理和成本核算提供依据。

9.3.1 创建入库单

入库单是用来记录商品入库情况的单据，是公司内部管理的重要凭证。

步骤01 新建一个空白工作表，将工作表命名为"入库单"，然后在工作表中输入入库单的相关内容，并为表格添加边框，调整列宽，如图9-73所示。

步骤02 选中A1:N1单元格区域，将其设置为"合并后居中"显示，然后设置标题的字体格式，如图9-74所示。

图9-73

图9-74

步骤03 按照同样的方法设置其他单元格格式和字体格式，如图9-75所示。

步骤04 选中D5:D9单元格区域，按Ctrl+1组合键，打开"设置单元格格式"对话框，在"分类"列表框中选择"货币"，设置"小数位数"为"2"，如图9-76所示。

图9-75

图9-76

步骤 05 选择A1单元格，单击"开始"选项卡"字体"选项组中的"下划线"按钮，从列表中选择"双下划线"选项，如图9-77所示。

步骤 06 入库单的基本框架就制作完成了，最后根据需要输入信息即可，如图9-78所示。

图9-77

图9-78

9.3.2　编制库存统计表

编制库存统计表可以使公司有效地管理库存信息，并体现一定期间内商品的入库、出库和结余情况。

步骤 01 打开一个空白工作表，将工作表命名为"库存统计表"，然后输入标题，设置字体、字号和对齐方式，合并需要合并的单元格，构建表格框架，如图9-79所示。

步骤 02 按住Ctrl键选择表格内"单价"和"金额"列单元格区域，然后单击"开始"选项卡中的"数字格式"下拉按钮，从列表中选择"货币"选项，如图9-80所示。

图9-79

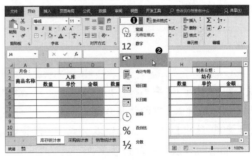

图9-80

步骤 03 选中B1单元格，输入公式"=IF（J1〈〉""，MONTH（J1），""）"，如图9-81所示，按Enter键确认，计算当前的月份。

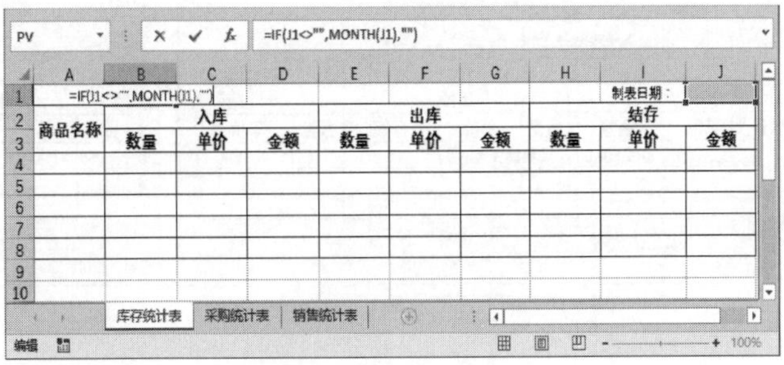

图9-81

步骤 04 选中A4单元格输入"=",然后切换至"采购统计表",选中B3单元格,如图9-82所示,按Enter键确认,表示引用采购统计表中B3单元格中的内容。

步骤 05 按照同样的方法,引用"采购统计表"中的数量和单价,如图9-83所示。

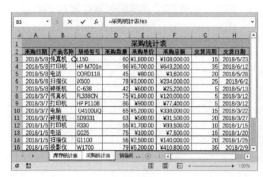

图9-82

图9-83

步骤 06 选中D4单元格,输入公式"=IF（AND（C4〈〉"",B4〈〉""),C4*B4,""）",如图9-84所示,按Enter键计算出"金额"。

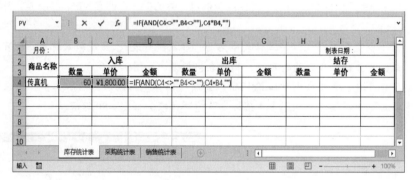

图9-84

步骤 07 选中E4单元格,输入公式"=销售统计表！G3",如图9-85所示,按Enter键确认,引用"销售统计表"中的销售数量。

步骤 08 选中F4单元格,输入公式"=销售统计表！F3",如图9-86所示,按Enter键确认,引用"销售统计表"中的销售单价。

图9-85

图9-86

步骤 09 选中G4单元格，输入公式"=E4*F4"，按Enter键计算金额，然后选中H4单元格，输入公式"=B4-E4"，计算出结存数量，如图9-87所示。

图9-87

步骤 10 选中I4单元格，输入公式"=C4"，然后选中J4单元格输入公式"=I4*H4"，按Enter键确认，最后选中A4:J4单元格区域，将公式向下填充即可，如图9-88所示。

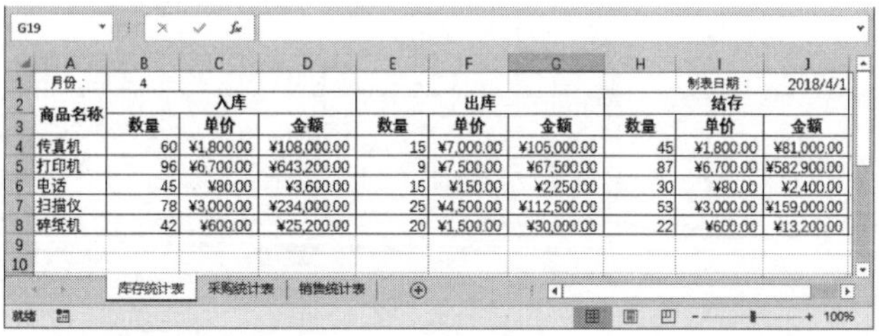

图9-88

9.3.3 库存情况分析

用户创建好库存统计表后，需要对表格中的数据进行分析，以便掌握库存的具体情况，控制库存的数量。

（1）条件格式的应用

用户可以使用条件格式突出显示结存数量大于30的单元格。

步骤 01 打开工作表，选中H4:H8单元格区域，单击"开始"选项卡中的"条件格式"按钮，从列表中选择"突出显示单元格规则 > 大于"选项，如图9-89所示。

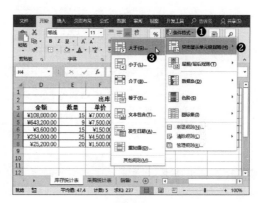

图9-89

步骤 02 打开"大于"对话框，在"为大于以下值的单元格设置格式"文本框中输入"30"，单击"设置为"右侧下拉按钮，从列表中选择"绿填充色深绿色文本"选项，单击"确定"按钮，如图9-90所示。

步骤 03 返回工作表中，可以看到结存数量大于30的被突出显示出来，如图9-91所示。

图9-90

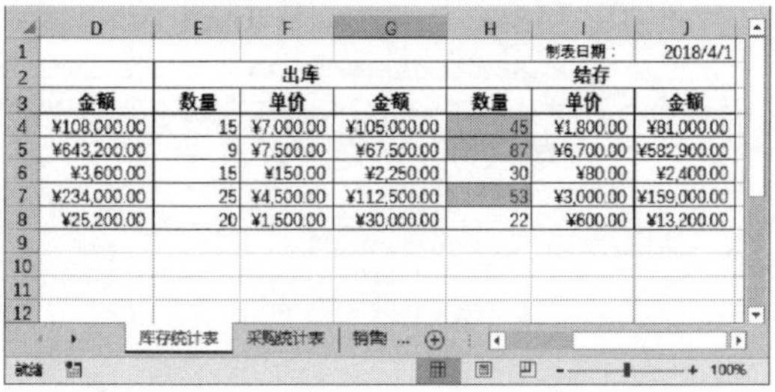

图9-91

（2）函数的应用

用户可以使用函数设置是否进货的提醒。

步骤01 打开工作表，添加"是否进货"列，设置字体格式，并将该列设置为"自动换行"显示，如图9-92所示。

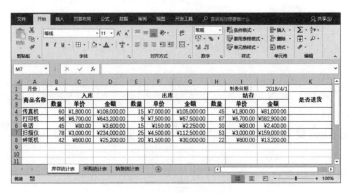

图9-92

步骤02 选中K4单元格，输入公式"=IF(H4<50,"当前库存为:"&H4&CHAR(10)&"低于标准，需要进货"，"当前库存为:"&H4&CHAR(10)&"库存充足，不需要进货")"，如图9-93所示，按Enter键确认，判断是否需要进货。

图9-93

步骤03 再次选中K4单元格，将公式填充至K8单元格，即可显示全部的判断结果，如图9-94所示。

图9-94

第10章 薪酬体系数据管理

知识导读

薪酬管理是企业人力资源管理体系的重要组成部分，是对员工薪酬支付原则、薪酬策略、薪酬水平、薪酬结构等进行确定、分配和调整的动态管理过程。薪酬管理包括薪酬体系设计与薪酬日常管理两个方面。

思维导图

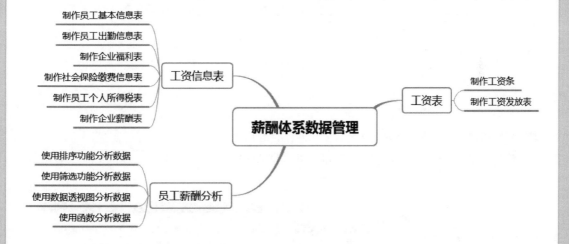

制作员工基本信息表
制作员工出勤信息表
制作企业福利表
制作社会保险缴费信息表 —— 工资信息表
制作员工个人所得税表
制作企业薪酬表

薪酬体系数据管理

制作工资条
工资表
制作工资发放表

使用排序功能分析数据
使用筛选功能分析数据
使用数据透视图分析数据 —— 员工薪酬分析
使用函数分析数据

本章教学视频数量：5个

10.1 工资信息表

工资信息表是与工资核算相关的一些表格，如员工基本信息表、员工考勤表、基本福利表等。

10.1.1 制作员工基本信息表

步骤01 新建一个空白工作表，并将其命名为"员工基本信息表"。在工作表中输入标题和列标题，设置单元格格式，然后添加边框，如图10-1所示。

步骤02 选中A3:A18单元格区域，按Ctrl+1组合键打开"设置单元格格式"对话框，在"分类"列表框中选择"自定义"选项，然后在"类型"文本框中输入"000#"，单击"确定"按钮，如图10-2所示。

图10-1

图10-2

步骤03 返回工作表中，输入员工的基本信息，如图10-3所示。

步骤04 选中F3单元格，输入公式"=FLOOR（DAYS360（E3，TODAY（））/365，1）"，如图10-4所示，按Enter键确认，计算出工作年限。

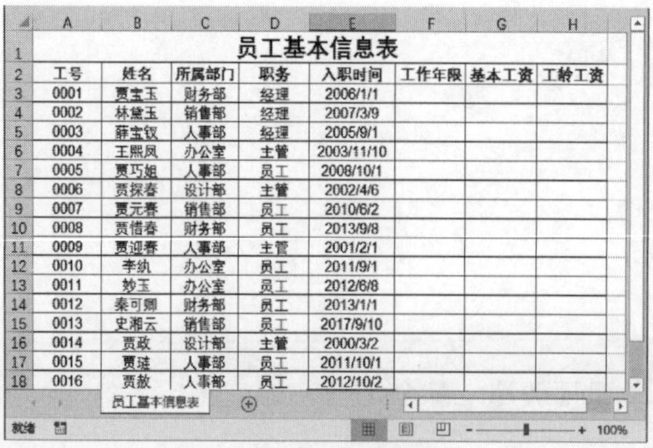

图10-3（左）

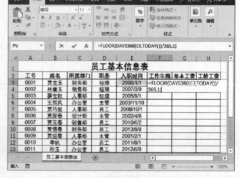

图10-4

步骤 05 选中G3单元格，输入公式“=IF（C3=″人事部″,2500,IF（C3=″财务部″,2800,IF（C3=″设计部″，3500，IF（C3=″办公室″，2500，2000））））”，如图10-5所示，按Enter键确认，计算出基本工资。

步骤 06 选中H3单元格，输入公式“=IF(F3<=1,F3*50,IF(F3>=2,F3*100))”，如图10-6所示，按Enter键确认，计算出工龄工资。

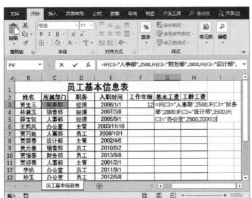

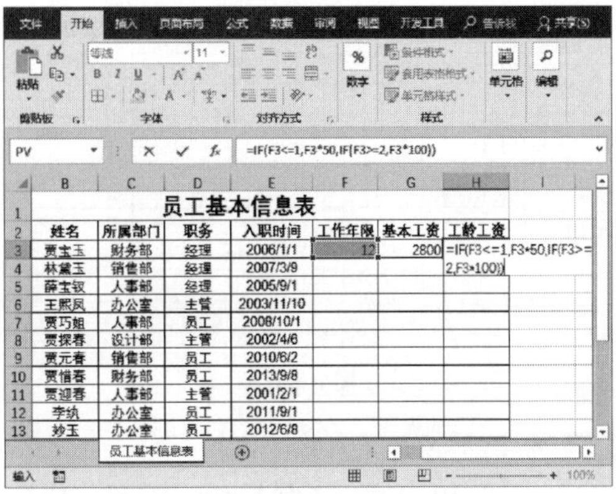

姓名	所属部门	职务	入职时间	工作年限	基本工资	工龄工资
贾宝玉	财务部	经理	2006/1/1	12	=IF(C3="人事部",2500,IF(C3="财务部",2800,IF(C3="设计部",3500,IF(C3="办公室",2500,2000))))	
林黛玉	销售部	经理	2007/3/9			
薛宝钗	人事部	经理	2005/9/1			
王熙凤	办公室	主管	2003/11/10			
贾巧姐	人事部	员工	2008/10/1			
贾探春	设计部	主管	2002/4/6			
贾元春	销售部	员工	2010/6/2			
贾惜春	财务部	员工	2013/9/8			
贾迎春	人事部	主管	2001/2/1			
李纨	办公室	员工	2011/9/1			
妙玉	办公室	员工	2012/6/8			

图10-5

姓名	所属部门	职务	入职时间	工作年限	基本工资	工龄工资
贾宝玉	财务部	经理	2006/1/1	12	2800	=IF(F3<=1,F3*50,IF(F3>=2,F3*100))
林黛玉	销售部	经理	2007/3/9			
薛宝钗	人事部	经理	2005/9/1			
王熙凤	办公室	主管	2003/11/10			
贾巧姐	人事部	员工	2008/10/1			
贾探春	设计部	主管	2002/4/6			
贾元春	销售部	员工	2010/6/2			
贾惜春	财务部	员工	2013/9/8			
贾迎春	人事部	主管	2001/2/1			
李纨	办公室	员工	2011/9/1			
妙玉	办公室	员工	2012/6/8			

图10-6

步骤 07 选中F3:H3单元格区域，将公式向下填充，查看最终效果，如图10-7所示。

员工基本信息表

工号	姓名	所属部门	职务	入职时间	工作年限	基本工资	工龄工资
0001	贾宝玉	财务部	经理	2006/1/1	12	2800	1200
0002	林黛玉	销售部	经理	2007/3/9	11	2000	1100
0003	薛宝钗	人事部	经理	2005/9/1	12	2500	1200
0004	王熙凤	办公室	主管	2003/11/10	14	2500	1400
0005	贾巧姐	人事部	员工	2008/10/1	9	2500	900
0006	贾探春	设计部	主管	2002/4/6	15	3500	1500
0007	贾元春	销售部	员工	2010/6/2	7	2000	700
0008	贾惜春	财务部	员工	2013/9/8	4	2800	400
0009	贾迎春	人事部	主管	2001/2/1	17	2500	1700
0010	李纨	办公室	员工	2011/9/1	6	2500	600
0011	妙玉	办公室	员工	2012/6/8	5	2500	500
0012	秦可卿	财务部	员工	2013/1/1	5	2800	500
0013	史湘云	销售部	员工	2017/9/10	0	2000	0
0014	贾政	设计部	主管	2000/3/2	17	3500	1700
0015	贾琏	人事部	员工	2011/10/1	6	2500	600
0016	贾赦	人事部	员工	2012/10/2	5	2500	500

图10-7

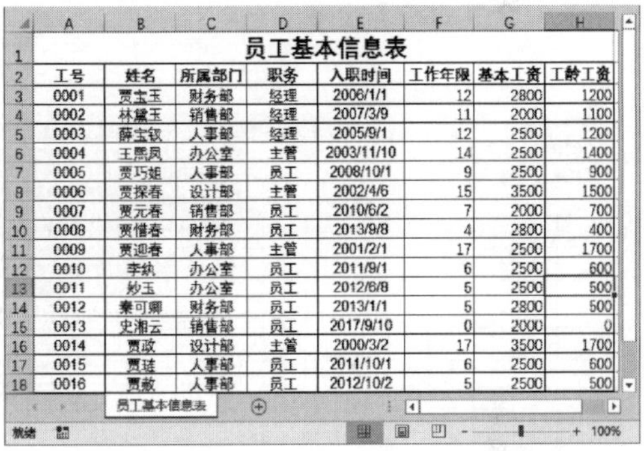

10.1.2 制作员工出勤信息表

员工考勤表是用来统计员工的出勤情况的，主要用于记录员工一个月内病假、事假、旷工等情况。例如，某公司为了激励员工，对当月全勤的员工奖励300元，事假一天扣100元，病假一天扣50元，旷工一天扣200元。

步骤 01 新建一个名为“考勤表”的工作表，然后创建考勤表结构并设置相应的格式，输入员工考勤数据，其中“B”表示病假，“S”表示事假，“K”表示旷工，如图10-8所示。

2018年5月考勤

工号	姓名	考勤表																															考勤统计			应扣额	满勤奖
		1	2	3	4	5	6	7	8	9	10	11	12	13	14	15	16	17	18	19	20	21	22	23	24	25	26	27	28	29	30	31	出勤天数	病假	事假	旷工		
0001	贾宝玉		B								S																											
0002	林黛玉							B											K																			
0003	薛宝钗																																					
0004	王熙凤																																					
0005	贾巧姐																									B												
0006	贾探春														B																							
0007	贾元春									S													K															
0008	贾惜春																																					
0009	贾迎春																	B																				
0010	李纨																																					
0011	妙玉								K															S														
0012	秦可卿										B																											
0013	史湘云																S																					
0014	贾政				K																																	
0015	贾琏																		B																			
0016	贾赦																																					

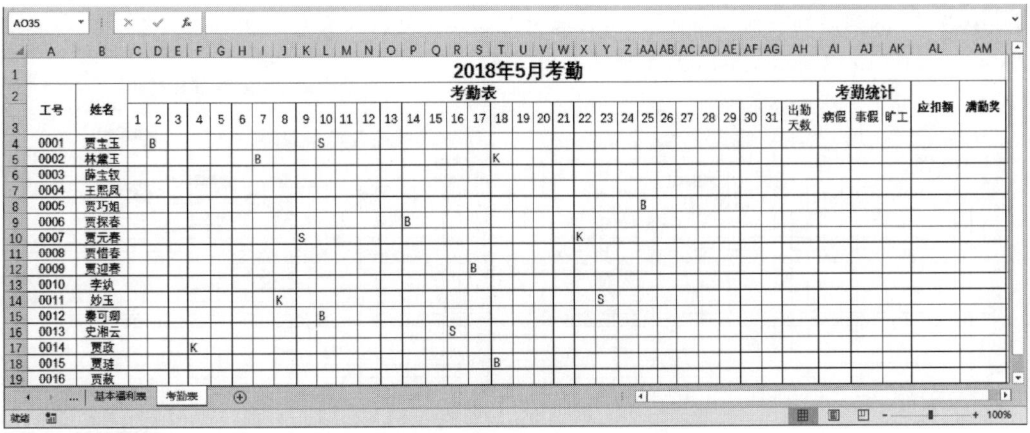

图10-8

步骤02 选中AI4单元格，输入公式"=COUNTIF（C4:AG4，"B"）"，如图10-9所示，按Enter键计算出请病假的天数。

步骤03 分别在AJ和AK单元格中输入公式"=COUNTIF（C4:AG4，"S"）"和"=COUNTIF（C4:AG4，"K"）"，按Enter键确认，计算出事假和旷工天数，如图10-10所示。

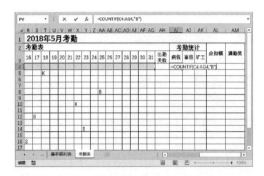

图10-9

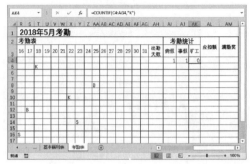

图10-10

步骤04 选中AH4单元格，输入公式"=NETWORKDAYS（"2018/5/1"，"2018/5/31"）-AI4-AJ4-AK4"，如图10-11所示，按Enter键确认，计算出出勤的天数。

步骤05 在AL4单元格中输入公式"=AI4*50+AJ4*100+AK4*200"，如图10-12所示，按Enter键确认，计算出应扣金额。

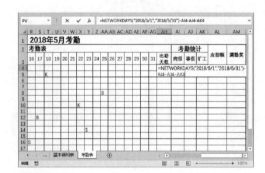

图10-11

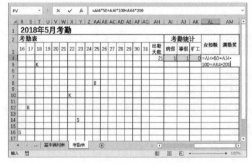

图10-12

步骤06 选中AM4单元格，输入公式"=IF（AL4=0，"300"，""）"，如图10-13所示，按Enter键计算出满勤奖。

步骤07 在AN列添加一列"合计"，然后选中AN4单元格输入公式"=IF（AL4〈〉0，–AL4，AM4）"，如图10-14所示，按Enter键计算出合计值。

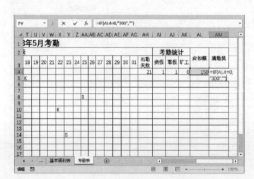

图10-13

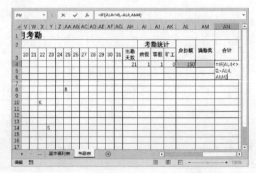

图10-14

步骤 08 选中AH4:AN4单元格区域，将公式向下填充，即可查看当月员工的考勤情况和奖惩情况，如图10-15所示。

2018年5月考勤

工号	姓名	考勤表																														出勤天数	考勤统计			应扣额	满勤奖	合计
		1	2	3	4	5	6	7	8	9	10	11	12	13	14	15	16	17	18	19	20	21	22	23	24	25	26	27	28	29	30	31		病假	事假	旷工			
0001	贾宝玉		B								S																						21	1	1	0	150		-150
0002	林黛玉							B											K														21	1	0	1	250		-250
0003	薛宝钗																																23	0	0	0	0	300	300
0004	王熙凤																																23	0	0	0	0	300	300
0005	贾巧姐																									B							22	1	0	0	50		-50
0006	贾探春														B																		22	1	0	0	50		-50
0007	贾元春									S													K										21	0	1	1	300		-300
0008	贾惜春																																23	0	0	0	0	300	300
0009	贾迎春																	B															22	1	0	0	50		-50
0010	李纨																																23	0	0	0	0	300	300
0011	妙玉								K															S									21	0	1	1	300		-300
0012	秦可卿										B																						22	1	0	0	50		-50
0013	史湘云																S																22	0	1	0	100		-100
0014	贾政				K																												22	0	0	1	200		-200
0015	贾琏																		B														22	1	0	0	50		-50
0016	贾赦																																23	0	0	0	0	300	300

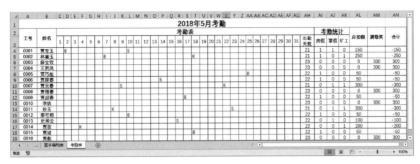

图10-15

10.1.3 制作企业福利表

一般情况下，公司会根据员工所在的岗位级别，给员工发放福利津贴。例如，经理级别按基本工资的60%计算津贴，主管级别按基本工资的50%计算津贴，普通员工按基本工资的20%计算津贴。

步骤 01 打开工作簿，复制“员工基本信息表”工作表，然后将其重命名为“基本福利表”，修改表格标题为“员工基本福利表”，如图10-16所示。

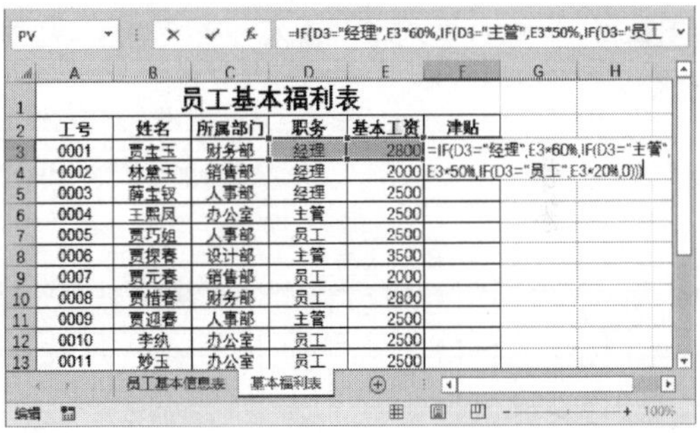

步骤 02 选中F3单元格，输入公式“=IF（D3="经理"，E3*60%，IF（D3="主管"，E3*50%，IF（D3="员工"，E3*20%，0）））”，如图10-17所示，按Enter键确认，计算津贴。

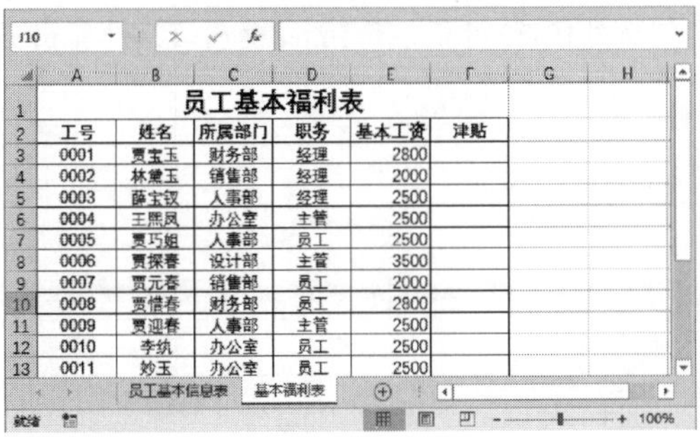

员工基本福利表

工号	姓名	所属部门	职务	基本工资	津贴
0001	贾宝玉	财务部	经理	2800	
0002	林黛玉	销售部	经理	2000	
0003	薛宝钗	人事部	经理	2500	
0004	王熙凤	办公室	主管	2500	
0005	贾巧姐	人事部	员工	2500	
0006	贾探春	设计部	主管	3500	
0007	贾元春	销售部	员工	2000	
0008	贾惜春	财务部	员工	2800	
0009	贾迎春	人事部	主管	2500	
0010	李纨	办公室	员工	2500	
0011	妙玉	办公室	员工	2500	

图10-16

员工基本福利表

工号	姓名	所属部门	职务	基本工资	津贴
0001	贾宝玉	财务部	经理	2800	=IF(D3="经理",E3*60%,IF(D3="主管",E3*50%,IF(D3="员工",E3*20%,0)))
0002	林黛玉	销售部	经理	2000	
0003	薛宝钗	人事部	经理	2500	
0004	王熙凤	办公室	主管	2500	
0005	贾巧姐	人事部	员工	2500	
0006	贾探春	设计部	主管	3500	
0007	贾元春	销售部	员工	2000	
0008	贾惜春	财务部	员工	2800	
0009	贾迎春	人事部	主管	2500	
0010	李纨	办公室	员工	2500	
0011	妙玉	办公室	员工	2500	

图10-17

步骤 03 再次选中F3单元格，将光标移至该单元格右下角，当鼠标光标变为十字形时，按住鼠标左键不放，向下拖动鼠标填充公式，如图10-18所示。

员工基本福利表

工号	姓名	所属部门	职务	基本工资	津贴
0001	贾宝玉	财务部	经理	2800	1680
0002	林黛玉	销售部	经理	2000	1200
0003	薛宝钗	人事部	经理	2500	1500
0004	王熙凤	办公室	主管	2500	1250
0005	贾巧姐	人事部	员工	2500	500
0006	贾探春	设计部	主管	3500	1750
0007	贾元春	销售部	员工	2000	400
0008	贾惜春	财务部	员工	2800	560
0009	贾迎春	人事部	主管	2500	1250
0010	李纨	办公室	员工	2500	500
0011	妙玉	办公室	员工	2500	500
0012	秦可卿	财务部	员工	2800	560
0013	史湘云	销售部	员工	2000	400
0014	贾政	设计部	主管	3500	1750
0015	贾琏	人事部	员工	2500	500
0016	贾赦	人事部	员工	2500	500

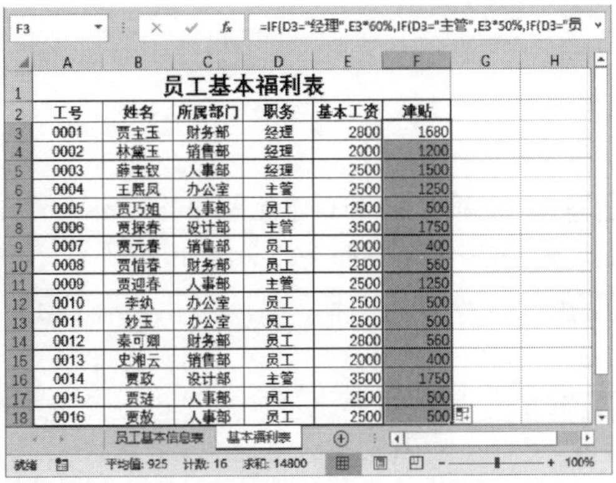

图10-18

用户可以根据自己所在区域缴纳比例来制作社会保险缴费信息表，本节以大部分地区适用的缴纳比例为标准：养老保险为8%，医疗保险为2%+3元，失业保险为0.2%，工伤保险和生育保险劳动者不需要缴纳，住房公积金为7%。

步骤 01 打开工作簿，复制"员工基本信息表"工作表，并将其重命名为"员工保险表"，然后完善表格内容，如图10-19所示。

步骤 02 选中E3:J18单元格区域，单击"开始"选项卡中的"数字格式"按钮，从列表中选择"货币"选项，如图10-20所示。

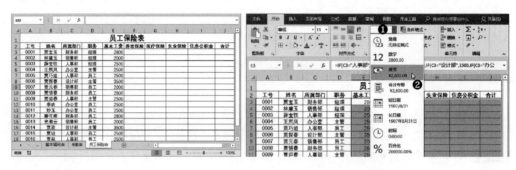

图10-19　　　　　　　　　　　　　　　　图10-20

步骤 03 选中F3单元格，输入公式"=E3*8%"，如图10-21所示，按Enter键确认，计算出养老保险。

步骤 04 选中G3单元格，输入公式"=E3*2%+3"，如图10-22所示，按Enter键确认，计算出医疗保险。

 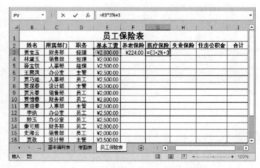

图10-21　　　　　　　　　　　　　　　　图10-22

步骤 05 分别在H3和I3单元格中输入公式"=E3*0.2%"和"=E3*7%"，按Enter键确认，计算出失业保险和住房公积金，如图10-23所示。

步骤 06 选中J3单元格，输入公式"=SUM（F3:I3）"，如图10-24所示，按Enter键计算出合计值。

步骤 07 选中F3:J3单元格区域，将公式向下填充，即可完成员工保险表的创建，如图10-25所示。

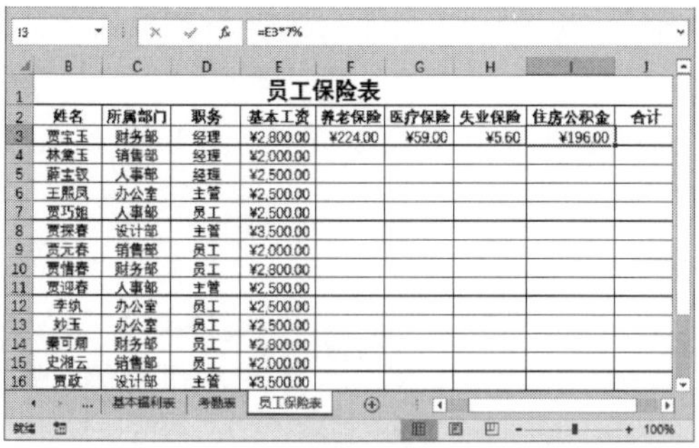

=E3*7%

	员工保险表							
姓名	所属部门	职务	基本工资	养老保险	医疗保险	失业保险	住房公积金	合计
贾宝玉	财务部	经理	¥2,800.00	¥224.00	¥59.00	¥5.60	¥196.00	
林黛玉	销售部	经理	¥2,000.00					
薛宝钗	人事部	经理	¥2,500.00					
王熙凤	办公室	主管	¥2,500.00					
贾巧姐	人事部	员工	¥2,500.00					
贾探春	设计部	主管	¥3,500.00					
贾元春	销售部	员工	¥2,000.00					
贾惜春	财务部	员工	¥2,800.00					
贾迎春	人事部	主管	¥2,500.00					
李纨	办公室	员工	¥2,500.00					
妙玉	办公室	员工	¥2,500.00					
秦可卿	财务部	员工	¥2,800.00					
史湘云	销售部	员工	¥2,000.00					
贾政	设计部	主管	¥3,500.00					

基本福利表 考勤表 员工保险表

图10-23

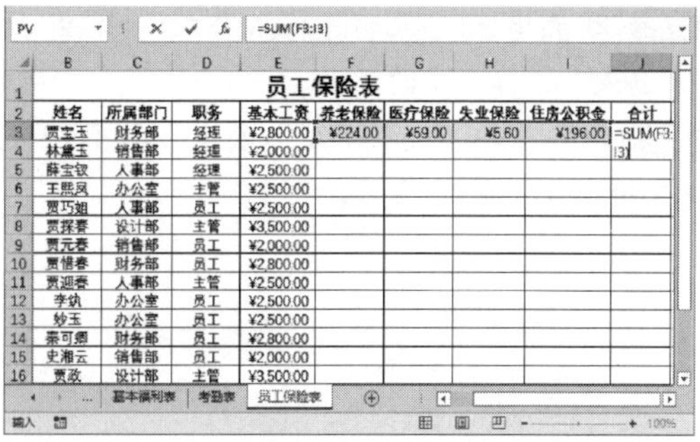

=SUM(F3:I3)

	员工保险表							
姓名	所属部门	职务	基本工资	养老保险	医疗保险	失业保险	住房公积金	合计
贾宝玉	财务部	经理	¥2,800.00	¥224.00	¥59.00	¥5.60	¥196.00	=SUM(F3:I3)
林黛玉	销售部	经理	¥2,000.00					
薛宝钗	人事部	经理	¥2,500.00					
王熙凤	办公室	主管	¥2,500.00					
贾巧姐	人事部	员工	¥2,500.00					
贾探春	设计部	主管	¥3,500.00					
贾元春	销售部	员工	¥2,000.00					
贾惜春	财务部	员工	¥2,800.00					
贾迎春	人事部	主管	¥2,500.00					
李纨	办公室	员工	¥2,500.00					
妙玉	办公室	员工	¥2,500.00					
秦可卿	财务部	员工	¥2,800.00					
史湘云	销售部	员工	¥2,000.00					
贾政	设计部	主管	¥3,500.00					

基本福利表 考勤表 员工保险表

图10-24

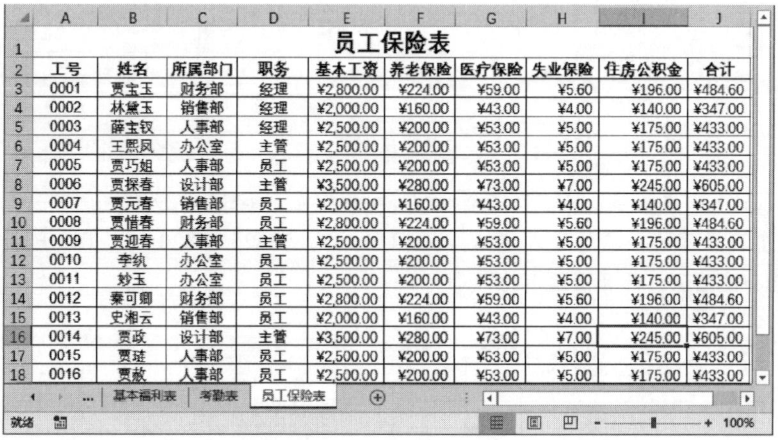

			员工保险表						
工号	姓名	所属部门	职务	基本工资	养老保险	医疗保险	失业保险	住房公积金	合计
0001	贾宝玉	财务部	经理	¥2,800.00	¥224.00	¥59.00	¥5.60	¥196.00	¥484.60
0002	林黛玉	销售部	经理	¥2,000.00	¥160.00	¥43.00	¥4.00	¥140.00	¥347.00
0003	薛宝钗	人事部	经理	¥2,500.00	¥200.00	¥53.00	¥5.00	¥175.00	¥433.00
0004	王熙凤	办公室	主管	¥2,500.00	¥200.00	¥53.00	¥5.00	¥175.00	¥433.00
0005	贾巧姐	人事部	员工	¥2,500.00	¥200.00	¥53.00	¥5.00	¥175.00	¥433.00
0006	贾探春	设计部	主管	¥3,500.00	¥280.00	¥73.00	¥7.00	¥245.00	¥605.00
0007	贾元春	销售部	员工	¥2,000.00	¥160.00	¥43.00	¥4.00	¥140.00	¥347.00
0008	贾惜春	财务部	员工	¥2,800.00	¥224.00	¥59.00	¥5.60	¥196.00	¥484.60
0009	贾迎春	人事部	主管	¥2,500.00	¥200.00	¥53.00	¥5.00	¥175.00	¥433.00
0010	李纨	办公室	员工	¥2,500.00	¥200.00	¥53.00	¥5.00	¥175.00	¥433.00
0011	妙玉	办公室	员工	¥2,500.00	¥200.00	¥53.00	¥5.00	¥175.00	¥433.00
0012	秦可卿	财务部	员工	¥2,800.00	¥224.00	¥59.00	¥5.60	¥196.00	¥484.60
0013	史湘云	销售部	员工	¥2,000.00	¥160.00	¥43.00	¥4.00	¥140.00	¥347.00
0014	贾政	设计部	主管	¥3,500.00	¥280.00	¥73.00	¥7.00	¥245.00	¥605.00
0015	贾琏	人事部	员工	¥2,500.00	¥200.00	¥53.00	¥5.00	¥175.00	¥433.00
0016	贾赦	人事部	员工	¥2,500.00	¥200.00	¥53.00	¥5.00	¥175.00	¥433.00

基本福利表 考勤表 员工保险表

图10-25

10.1.5 制作员工个人所得税表

根据国家的有关规定，员工工资超过起征点的需要缴纳个人所得税。公司一般会从员工工资中扣除应缴纳的个人所得税，然后代替员工缴纳。个税免征额为3500元。

步骤01 打开工作簿，新建一个工作表，命名为“员工个人所得税计算表”，制作表格框架并输入相关信息，其中“津贴”引用“基本福利表”中的数据，而“保险”引用“员工保险表”工作表中的“合计”数据，如图10-26所示。

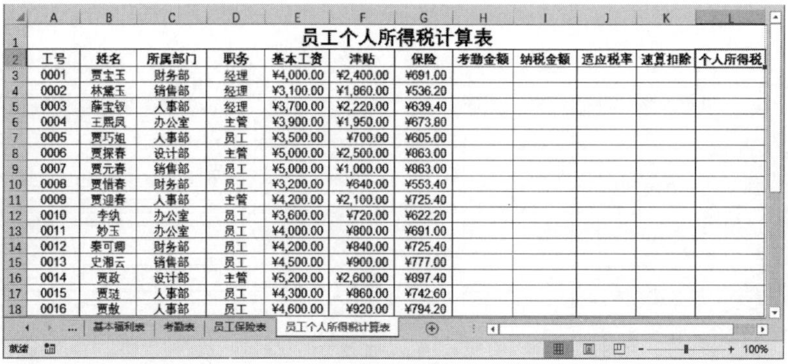

				员工个人所得税计算表							
工号	姓名	所属部门	职务	基本工资	津贴	保险	考勤金额	纳税金额	适应税率	速算扣除	个人所得税
0001	贾宝玉	财务部	经理	¥4,000.00	¥2,400.00	¥691.00					
0002	林黛玉	销售部	经理	¥3,100.00	¥1,860.00	¥536.20					
0003	薛宝钗	人事部	经理	¥3,700.00	¥2,220.00	¥639.40					
0004	王熙凤	办公室	主管	¥3,900.00	¥1,950.00	¥673.80					
0005	贾巧姐	人事部	员工	¥3,500.00	¥700.00	¥605.00					
0006	贾探春	设计部	主管	¥5,000.00	¥2,500.00	¥863.00					
0007	贾元春	销售部	员工	¥5,000.00	¥1,000.00	¥863.00					
0008	贾惜春	财务部	员工	¥3,200.00	¥640.00	¥553.40					
0009	贾迎春	人事部	主管	¥4,200.00	¥2,100.00	¥725.40					
0010	李纨	办公室	员工	¥3,600.00	¥720.00	¥622.20					
0011	妙玉	办公室	员工	¥4,000.00	¥800.00	¥691.00					
0012	秦可卿	财务部	员工	¥4,200.00	¥840.00	¥725.40					
0013	史湘云	销售部	员工	¥4,500.00	¥900.00	¥777.00					
0014	贾政	设计部	主管	¥5,200.00	¥2,600.00	¥897.40					
0015	贾琏	人事部	员工	¥4,300.00	¥860.00	¥742.60					
0016	贾赦	人事部	员工	¥4,600.00	¥920.00	¥794.20					

基本福利表 考勤表 员工保险表 员工个人所得税计算表

图10-26

步骤02 选中H3单元格，输入公式"=考勤表!AN4"，如图10-27所示，按Enter键确认，引用"考勤表"工作表中的数据。

步骤03 选中I3单元格，输入公式"=E3+F3–G3+H3–3500"，如图10-28所示，按Enter键确认，计算出纳税金额。

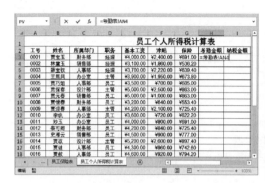

图10-27

图10-28

步骤04 在A21:E30单元格区域，创建个人所得税税率表，如图10-29所示。

步骤05 选中J3单元格，输入公式"=VLOOKUP（I3，$B$23:$E$30，3，TRUE）"，如图10-30所示，按Enter键确认，计算出适用的税率。

图10-29

图10-30

步骤06 选中K3单元格，输入公式"=VLOOKUP（I3，$B$23:$E$30，4，TRUE）"，如图10-31所示，按Enter键确认，计算出速算扣除金额。

步骤07 选中L3单元格，输入公式"=I3*J3-K3"，如图10-32所示，按Enter键，计算个人所得税。

图10-31

图10-32

步骤 08 选中H3:L3单元格区域，将公式向下填充，完成员工个人所得税计算表的制作，如图10-33所示。

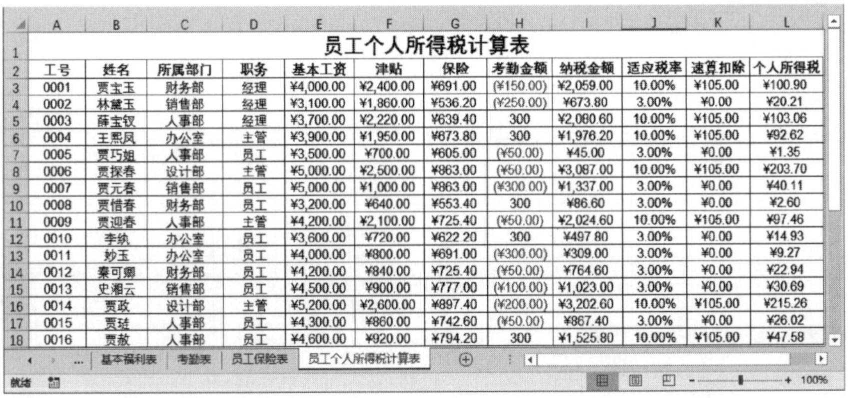

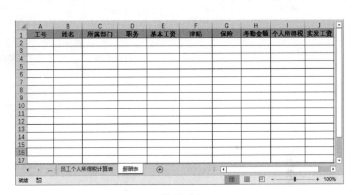

図10-33

10.1.6 制作企业薪酬表

薪酬表记录了员工的月收入和应扣金额，以及实发工资等内容。

步骤 01 打开工作簿，新建一个工作表，并将其命名为"薪酬表"，然后制作表格结构，如图10-34所示。

图10-34

步骤 02 选中A2单元格，输入公式"=员工个人所得税计算表!A3"，如图10-35所示，按Enter键确认。

步骤 03 将A2单元格中的公式填充至H2单元格，然后选中I2单元格输入公式"=员工个人所得税计算表!L3"，如图10-36所示，按Enter键确认。

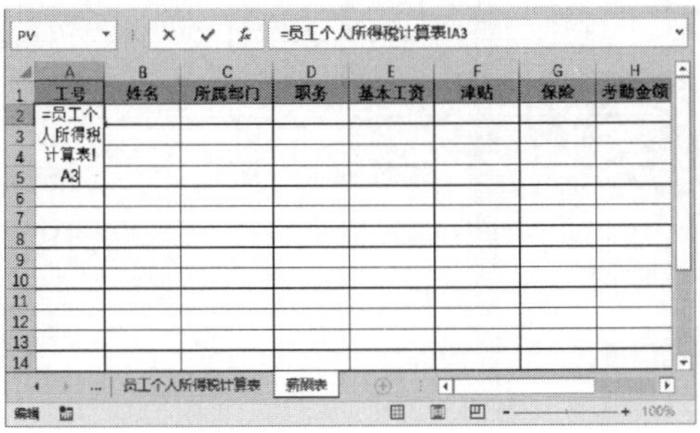

图10-35

图10-36

步骤 04 选中J2单元格，输入公式"=E2+F2-G2+H2-I2"，如图10-37所示，按Enter键确认，计算出实发工资。

步骤 05 选择A2:J17单元格区域，单击"开始"选项卡"编辑"选项组中的"填充"按钮，从列表中选择"向下"选项，如图10-38所示。

图10-37

图10-38

步骤 06 选中E2:J17单元格区域，打开"设置单元格格式"对话框，在"分类"列表框中选择"货币"选项，然后在右侧设置"小数位数"为"2"，单击"确定"按钮，如图10-39所示。

图10-39

步骤 07 返回工作表中，完成薪酬表的创建，如图10-40所示。

	A	B	C	D	E	F	G	H	I	J
1	工号	姓名	所属部门	职务	基本工资	津贴	保险	考勤金额	个人所得税	实发工资
2	0001	贾宝玉	财务部	经理	¥4,000.00	¥2,400.00	¥691.00	¥-150.00	¥100.90	¥5,458.10
3	0002	林黛玉	销售部	经理	¥3,100.00	¥1,860.00	¥536.20	¥-250.00	¥20.21	¥4,153.59
4	0003	薛宝钗	人事部	经理	¥3,700.00	¥2,220.00	¥639.40	300	¥103.06	¥5,477.54
5	0004	王熙凤	办公室	主管	¥3,900.00	¥1,950.00	¥673.80	300	¥92.62	¥5,383.58
6	0005	贾巧姐	人事部	员工	¥3,500.00	¥700.00	¥605.00	¥-50.00	¥1.35	¥3,543.65
7	0006	贾探春	设计部	主管	¥5,000.00	¥2,500.00	¥863.00	¥-50.00	¥203.70	¥6,383.30
8	0007	贾元春	销售部	员工	¥5,000.00	¥1,000.00	¥863.00	¥-300.00	¥40.11	¥4,796.89
9	0008	贾惜春	财务部	员工	¥3,200.00	¥640.00	¥553.40	300	¥2.60	¥3,584.00
10	0009	贾迎春	人事部	主管	¥4,200.00	¥2,100.00	¥725.40	¥-50.00	¥97.46	¥5,427.14
11	0010	李纨	办公室	员工	¥3,600.00	¥720.00	¥622.20	300	¥14.93	¥3,982.87
12	0011	妙玉	办公室	员工	¥4,000.00	¥800.00	¥691.00	¥-300.00	¥9.27	¥3,799.73
13	0012	秦可卿	财务部	员工	¥4,200.00	¥840.00	¥725.40	¥-50.00	¥22.94	¥4,241.66
14	0013	史湘云	销售部	员工	¥4,500.00	¥900.00	¥777.00	¥-100.00	¥30.69	¥4,492.31
15	0014	贾政	设计部	主管	¥5,000.00	¥2,600.00	¥897.40	¥-200.00	¥215.26	¥6,487.34
16	0015	贾琏	人事部	员工	¥4,300.00	¥860.00	¥742.60	¥-50.00	¥26.02	¥4,341.38
17	0016	贾敏	人事部	员工	¥4,600.00	¥920.00	¥794.20	300	¥47.58	¥4,978.22

图10-40

Excel 数据处理与分析一本通

10.2 员工薪酬分析

薪酬表创建完成后，用户可以对其进行数据分析，以便了解员工的工资情况。

10.2.1 使用排序功能分析数据

如果用户想要查看薪酬表中实发工资的高低，可以为其运用升序排序。

步骤01 打开工作表，选中表格中任意单元格，单击"数据"选项卡"排序和筛选"选项组中的"排序"按钮，如图10-41所示。

步骤02 打开"排序"对话框，设置"主要关键字"为"所属部门"，"次序"为"升序"，然后设置"次要关键字"为"实发工资"，"次序"为"升序"，单击"确定"按钮，如图10-42所示。

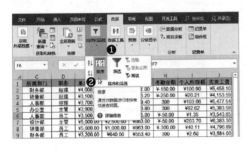

图10-41

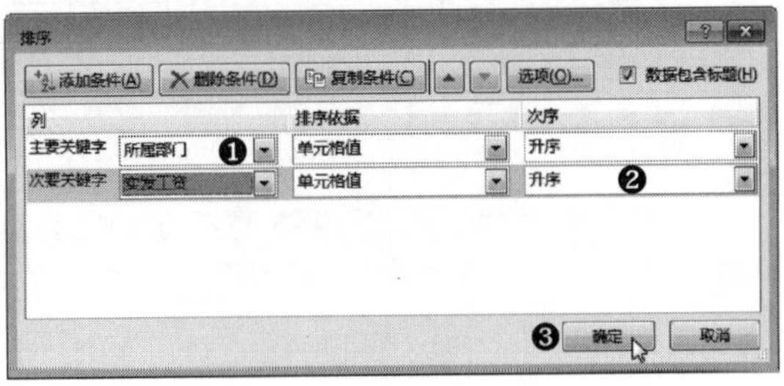

图10-42

步骤03 返回工作表中，可以看到已经按"所属部门"和"实发工资"进行升序排序了，如图10-43所示。

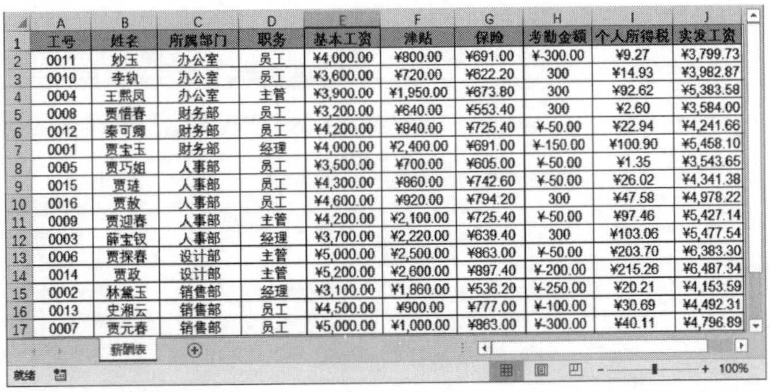

	A	B	C	D	E	F	G	H	I	J
1	工号	姓名	所属部门	职务	基本工资	津贴	保险	考勤金额	个人所得税	实发工资
2	0011	妙玉	办公室	员工	¥4,000.00	¥800.00	¥691.00	¥-300.00	¥9.27	¥3,799.73
3	0010	李纨	办公室	员工	¥3,600.00	¥720.00	¥622.20	300	¥14.93	¥3,982.87
4	0004	王熙凤	办公室	主管	¥3,900.00	¥1,950.00	¥673.80	300	¥92.62	¥5,383.58
5	0008	贾惜春	财务部	员工	¥3,200.00	¥640.00	¥553.40	300	¥2.60	¥3,584.00
6	0012	秦可卿	财务部	员工	¥4,200.00	¥725.40	¥725.40	¥-50.00	¥22.94	¥4,241.66
7	0001	贾宝玉	财务部	经理	¥4,000.00	¥2,400.00	¥691.00	¥-150.00	¥100.90	¥5,458.10
8	0005	贾巧姐	人事部	员工	¥3,500.00	¥700.00	¥605.00	¥-50.00	¥1.35	¥3,543.65
9	0015	贾瑞	人事部	员工	¥4,300.00	¥860.00	¥742.60	¥-50.00	¥26.02	¥4,341.38
10	0016	贾敏	人事部	员工	¥4,600.00	¥920.00	¥794.20	300	¥47.58	¥4,978.22
11	0009	贾迎春	人事部	主管	¥4,200.00	¥2,100.00	¥725.40	¥-50.00	¥97.46	¥5,427.14
12	0003	薛宝钗	人事部	经理	¥3,700.00	¥2,220.00	¥639.40	300	¥103.06	¥5,477.54
13	0006	贾探春	设计部	主管	¥5,200.00	¥2,500.00	¥863.00	¥-50.00	¥203.70	¥6,383.30
14	0014	贾政	设计部	主管	¥5,200.00	¥2,600.00	¥897.40	¥-200.00	¥215.26	¥6,487.34
15	0002	林黛玉	销售部	经理	¥3,100.00	¥1,860.00	¥536.20	¥-250.00	¥20.21	¥4,153.59
16	0013	史湘云	销售部	员工	¥4,500.00	¥900.00	¥777.00	¥-100.00	¥30.69	¥4,492.31
17	0007	贾元春	销售部	员工	¥5,000.00	¥1,000.00	¥863.00	¥-300.00	¥40.11	¥4,796.89

图10-43

10.2.2 使用筛选功能分析数据

用户可以使用筛选功能，将薪酬表中需要查看的数据筛选出来。

步骤 01 打开工作表，在A20：J21单元格区域中输入筛选条件，如图10-44所示。

步骤 02 选中表格中任意单元格，单击"数据"选项卡"排序和筛选"选项组中的"高级"按钮，如图10-45所示。

步骤 03 打开"高级筛选"对话框，保持"列表区域"设置不变，然后单击"条件区域"右侧的折叠按钮，如图10-46所示。

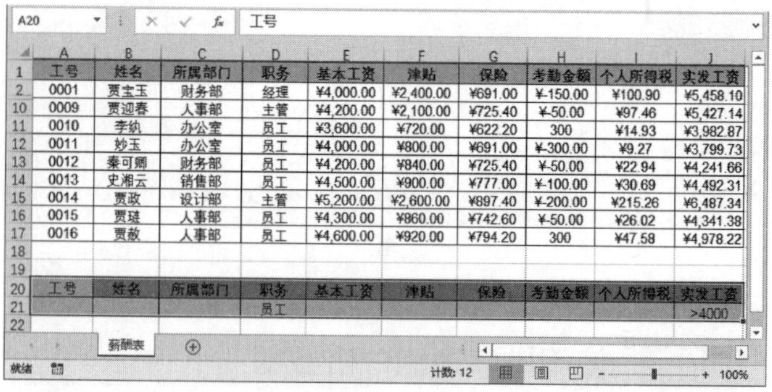

图 10-44

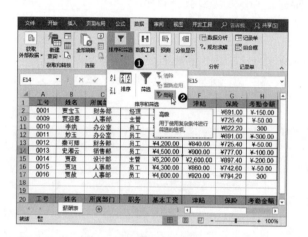

图 10-45

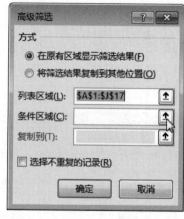

图 10-46

步骤 04 返回工作表中，拖动鼠标选取条件区域，然后再次单击折叠按钮，如图10-47所示。

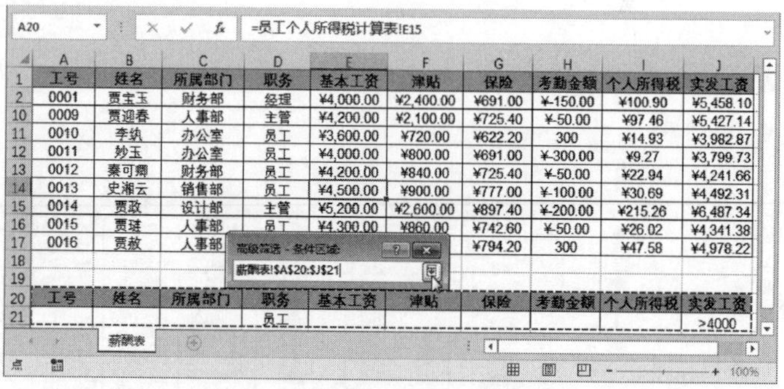

图 10-47

步骤 05 返回到"高级筛选"对话框，单击"确定"按钮，返回到工作表中，查看筛选的结果，如图10-48所示。

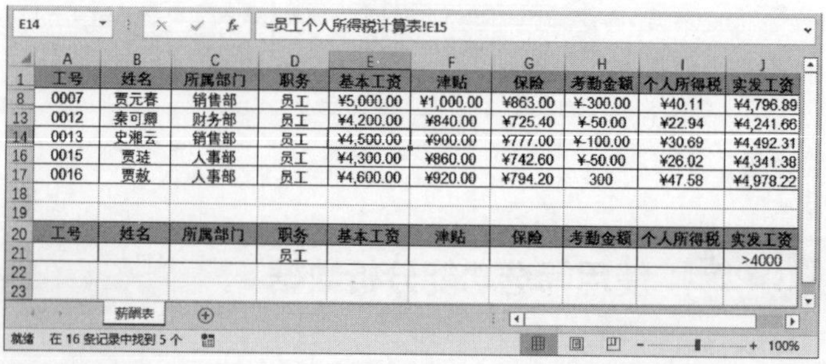

图 10-48

10.2.3 使用数据透视图分析数据

用户还可以直接使用数据透视图来分析薪酬表中的数据，使数据以图文并茂的形式直观地展示出来。

步骤01 打开工作表，选中表格中任意单元格，单击"插入"选项卡中"数据透视图"下拉按钮，从列表中选择"数据透视图"选项，如图10-49所示。

步骤02 打开"创建数据透视图"对话框，保持"表/区域"设置不变，单击"确定"按钮，如图10-50所示。

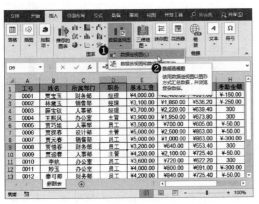

图10-49

图10-50

步骤03 进入数据透视图界面，在编辑区中会出现一个图表区域，在右侧的"数据透视图字段"窗格中进行设置，如图10-51所示。

步骤04 将"所属部门"字段拖至"轴（类别）"区域，将"基本工资"和"实发工资"字段拖至"值"区域，即可创建出相应的图表，如图10-52所示。

图10-51

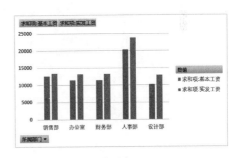

图10-52

步骤05 根据需要在"数据透视图工具-设计"选项卡中对图表进行美化操作，查看美化后的效果，如图10-53所示。

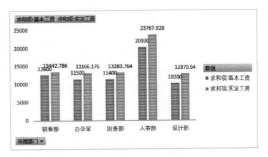

图10-53

10.2.4 使用函数分析数据

在员工薪酬表中，可以使用函数计算和分析数据。例如，计算薪酬表中"实发工资"的最大值、最小值和平均值。

步骤 01 打开工作表，完善表格，然后选中J18单元格，输入公式"=MAX（J2:J17）"，如图10-54所示，按Enter键确认，计算出"实发工资"的最大值。

步骤 02 选中J19单元格，输入公式"=MIN（J2:J17）"，如图10-55所示，按Enter键确认，计算出"实发工资"的最小值。

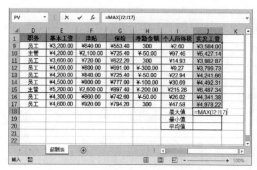

图10-54

图10-55

步骤 03 选中J20单元格，输入公式"=AVERAGE（J2:J17）"，按Enter键确认，计算出"实发工资"的平均值，如图10-56所示。

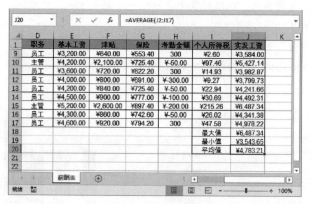

图10-56

10.3 工资表

工资表是用人单位发工资时交给员工的工资项目清单，也叫工资条。此外，每个月公司的财务人员还需要向银行提交一份员工工资发放表，银行根据这张报表将工资发放到该公司员工各自的工资卡中。

10.3.1 制作工资条

工资条包含薪酬表的所有项目，因为工资条是发放给每位员工的，所以上面只包含单个员工的相关信息。

步骤 01 打开工作簿，新建一个空白工作表，将其命名为“工资条”，然后切换至“薪酬表”工作表，选中A1:J1单元格区域，按Ctrl+C组合键进行复制，如图10-57所示。

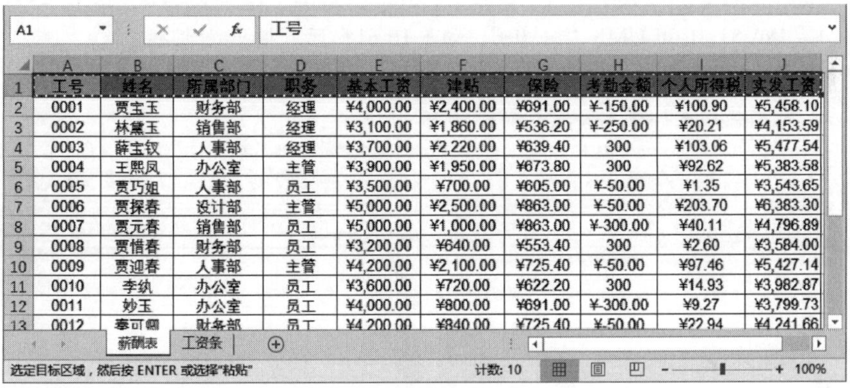

工号	姓名	所属部门	职务	基本工资	津贴	保险	考勤金额	个人所得税	实发工资
0001	贾宝玉	财务部	经理	¥4,000.00	¥2,400.00	¥691.00	¥-150.00	¥100.90	¥5,458.10
0002	林黛玉	销售部	经理	¥3,100.00	¥1,860.00	¥536.20	¥-250.00	¥20.21	¥4,153.59
0003	薛宝钗	人事部	经理	¥3,700.00	¥2,220.00	¥639.40	300	¥103.06	¥5,477.54
0004	王熙凤	办公室	主管	¥3,900.00	¥1,950.00	¥673.80	300	¥92.62	¥5,383.58
0005	贾巧姐	人事部	员工	¥3,500.00	¥700.00	¥605.00	¥-50.00	¥1.35	¥3,543.65
0006	贾探春	设计部	主管	¥5,000.00	¥2,500.00	¥863.00	¥-50.00	¥203.70	¥6,383.30
0007	贾元春	销售部	员工	¥5,000.00	¥1,000.00	¥863.00	¥-300.00	¥40.11	¥4,796.89
0008	贾惜春	财务部	员工	¥3,200.00	¥640.00	¥553.40	300	¥2.60	¥3,584.00
0009	贾迎春	人事部	主管	¥4,200.00	¥2,100.00	¥725.40	¥-50.00	¥97.46	¥5,427.14
0010	李纨	办公室	员工	¥3,600.00	¥720.00	¥622.20	300	¥14.93	¥3,982.87
0011	妙玉	办公室	员工	¥4,000.00	¥800.00	¥691.00	¥-300.00	¥9.27	¥3,799.73
0012	秦可卿	财务部	员工	¥4,200.00	¥840.00	¥725.40	¥-50.00	¥22.94	¥4,241.66

图10-57

步骤 02 切换到“工资条”工作表，选中A1单元格，按Ctrl+V组合键进行粘贴，构建工资条的基本框架，如图10-58所示。

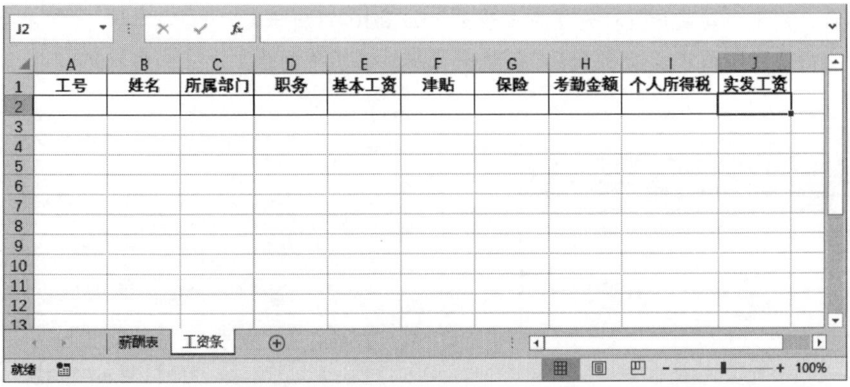

工号	姓名	所属部门	职务	基本工资	津贴	保险	考勤金额	个人所得税	实发工资

图10-58

步骤 03 选择A2单元格，然后单击鼠标右键，从弹出的快捷菜单中选择“设置单元格格式”命令，如图10-59所示。

步骤 04 打开"设置单元格格式"对话框,在"分类"列表框中选择"自定义"选项,然后在"类型"文本框中输入"000#",单击"确定"按钮,如图10-60所示。

图10-59   图10-60

步骤 05 返回工作表中,在A2单元格中输入"0001",然后选中B2单元格输入公式"=VLOOKUP($A2,薪酬表!$A:$J,COLUMN(),0)",如图10-61所示,按Enter键确认。

步骤 06 再次选中B2单元格,将鼠标光标移至该单元格右下角,当光标变为十字形时,按住鼠标左键不放,向右拖动鼠标填充公式,如图10-62所示。

图10-61   图10-62

步骤 07 选中A1:J3单元格区域,将鼠标移至J3单元格右下角,当光标变为十字形时,按住鼠标左键不放,向下拖动鼠标,批量生成工资条,如图10-63所示。

步骤 08 当所有员工的工资条都生成后,松开鼠标,工资条创建完成,如图10-64所示。

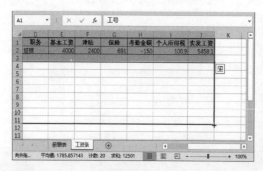

图10-63   图10-64

步骤 09 设置数字格式和字体格式,查看最终效果,如图10-65所示。

工号	姓名	所属部门	职务	基本工资	津贴	保险	考勤金额	个人所得税	实发工资
0001	贾宝玉	财务部	经理	¥4,000.00	¥2,400.00	¥691.00	(¥150.00)	¥100.90	¥5,458.10
工号	姓名	所属部门	职务	基本工资	津贴	保险	考勤金额	个人所得税	实发工资
0002	林黛玉	销售部	经理	¥3,100.00	¥1,860.00	¥536.20	(¥250.00)	¥20.21	¥4,153.59
工号	姓名	所属部门	职务	基本工资	津贴	保险	考勤金额	个人所得税	实发工资
0003	薛宝钗	人事部	经理	¥3,700.00	¥2,220.00	¥639.40	300	¥103.06	¥5,477.54
工号	姓名	所属部门	职务	基本工资	津贴	保险	考勤金额	个人所得税	实发工资
0004	王熙凤	办公室	主管	¥3,900.00	¥1,950.00	¥673.80	300	¥92.62	¥5,383.58
工号	姓名	所属部门	职务	基本工资	津贴	保险	考勤金额	个人所得税	实发工资
0005	贾巧姐	人事部	员工	¥3,500.00	¥700.00	¥605.00	(¥50.00)	¥1.35	¥3,543.65

图 10-65

10.3.2 制作工资发放表

工资发放表中包含员工的姓名、账号、实发工资等。

（步骤）01 打开工作簿，新建一个空白工作表，将其命名为"工资发放表"，如图 10-66 所示。

（步骤）02 构建表格框架，然后输入基本信息，并设置其格式，如图 10-67 所示。

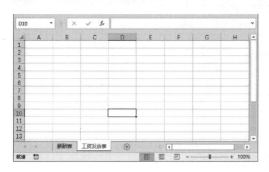

图 10-66

图 10-67

（步骤）03 选择 C3:C18 单元格区域，按 Ctrl+1 组合键，打开"设置单元格格式"对话框，在"分类"列表框中选择"文本"选项，然后单击"确定"按钮，如图 10-68 所示。

（步骤）04 返回工作表中，选中 D3:D18 单元格区域，单击"开始"选项卡中"数字"格式按钮，从列表中选择"货币"选项，如图 10-69 所示。

图 10-68

图 10-69

步骤 05 输入员工账号，然后选中D3单元格，输入公式“=VLOOKUP（A3，薪酬表!$A:$J，10）”，如图10-70所示，按Enter键确认。

PV　=VLOOKUP(A3,薪酬表!$A:$J,10)

	A	B	C	D	E	F
1	德胜公司2018年4月工资发放表					
2	工号	姓名	员工账号	实发工资金额		
3	0001	贾宝玉	4563517603300343160	=VLOOKUP(A3,薪酬表!$A:$J,10)		
4	0002	林黛玉	4563518603300343161			
5	0003	薛宝钗	4563519603300343162			
6	0004	王熙凤	4563520603300343163			
7	0005	贾巧姐	4563521603300343164			
8	0006	贾探春	4563522603300343165			
9	0007	贾元春	4563523603300343166			
10	0008	贾惜春	4563524603300343167			
11	0009	贾迎春	4563525603300343168			
12	0010	李纨	4563526603300343169			
13	0011	妙玉	4563527603300343170			

薪酬表　工资发放表
编辑　100%

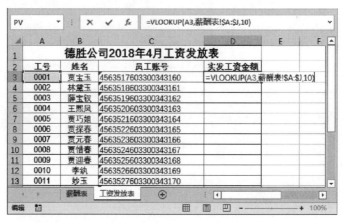

图10-70

步骤 06 选中D3单元格，将公式填充到D18单元格，完成工资发放表的制作，如图10-71所示。

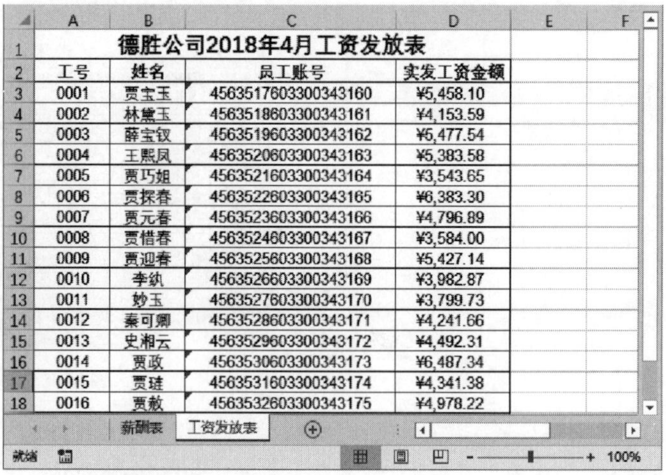

	A	B	C	D	E	F
1	德胜公司2018年4月工资发放表					
2	工号	姓名	员工账号	实发工资金额		
3	0001	贾宝玉	4563517603300343160	¥5,458.10		
4	0002	林黛玉	4563518603300343161	¥4,153.59		
5	0003	薛宝钗	4563519603300343162	¥5,477.54		
6	0004	王熙凤	4563520603300343163	¥5,383.58		
7	0005	贾巧姐	4563521603300343164	¥3,543.65		
8	0006	贾探春	4563522603300343165	¥6,383.30		
9	0007	贾元春	4563523603300343166	¥4,796.89		
10	0008	贾惜春	4563524603300343167	¥3,584.00		
11	0009	贾迎春	4563525603300343168	¥5,427.14		
12	0010	李纨	4563526603300343169	¥3,982.87		
13	0011	妙玉	4563527603300343170	¥3,799.73		
14	0012	秦可卿	4563528603300343171	¥4,241.66		
15	0013	史湘云	4563529603300343172	¥4,492.31		
16	0014	贾政	4563530603300343173	¥6,487.34		
17	0015	贾琏	4563531603300343174	¥4,341.38		
18	0016	贾赦	4563532603300343175	¥4,978.22		

薪酬表　工资发放表
就绪　100%

图10-71